Spark Cookbook
中文版

〔印度〕Rishi Yadav 著

顾星竹　刘见康　译

人民邮电出版社

北　京

图书在版编目（ＣＩＰ）数据

Spark Cookbook 中文版 / （印）亚达夫
(Rishi Yadav) 著；顾星竹，刘见康译. -- 北京 ：人
民邮电出版社，2016.10
ISBN 978-7-115-42966-7

Ⅰ. ①S… Ⅱ. ①亚… ②顾… ③刘… Ⅲ. ①数据处
理软件 Ⅳ. ①TP274

中国版本图书馆CIP数据核字(2016)第189836号

版 权 声 明

◆ 著　　　[印度] Rishi Yadav
　　译　　　顾星竹　刘见康
　　责任编辑　胡俊英
　　责任印制　焦志炜

◆ 人民邮电出版社出版发行　　北京市丰台区成寿寺路 11 号
　　邮编　100164　电子邮件　315@ptpress.com.cn
　　网址　http://www.ptpress.com.cn

　　三河市海波印务有限公司印刷

◆ 开本：800×1000　1/16
　　印张：12.75
　　字数：251 千字　　　　　　　2016 年 10 月第 1 版
　　印数：1 – 3 000 册　　　　　2016 年 10 月河北第 1 次印刷

　　著作权合同登记号　图字：01-2016-2854 号

定价：45.00 元

读者服务热线：**(010)81055410**　印装质量热线：**(010)81055316**
反盗版热线：**(010)81055315**

内容提要

  Spark 是一个基于内存计算的开源集群计算系统，它非常小巧玲珑，让数据分析更加快速，已逐渐成为新一代大数据处理平台中的佼佼者。

  本书内容分为 12 章，从认识 Apache Spark 开始讲解，陆续介绍了 Spark 的使用、外部数据源、Spark SQL、Spark Streaming、机器学习、监督学习中的回归和分类、无监督学习、推荐系统、图像处理、优化及调优等内容。

  本书适合大数据领域的技术人员，可以帮助他们更好地洞悉大数据，本书也适合想要学习 Spark 进行大数据处理的人员，它将是一本绝佳的参考教程。

译者简介

顾星竹，南京大学软件学院软件工程硕士，曾就职于 eBay（上海）中国研发中心，现就职于上海平安陆金所，从事大数据开发工作，有丰富的 Hadoop 开发和优化经验，主攻数据挖掘和机器学习，擅长使用 MR、Hive、Impala 和 Spark 等。业余爱好瑜伽、烹饪、写作和翻译。从读研期间开始从事计算机领域的翻译，主攻大数据领域和数据挖掘领域。非常荣幸能有机会翻译本书，也希望大家喜欢本书。

刘见康，南京大学软件学院软件工程学士。曾就职于 eBay（上海）中国研发中心，在数据基础架构平台从事软件开发工作，目前在一家创业公司从事数据挖掘相关的工作。

他爱好广泛，热爱编程，钟爱开源，喜欢研究大数据相关的开源框架，并且对数据、算法、函数式编程、机器学习、软件架构等有一定的探索和学习。目前专注于大数据领域的开发工作，主要使用 Java、Scala、Python 等语言，平时还喜欢研究 Clojure、Haskell、Go 语言，认为不同编程范式能带来不同的编程思想和抽象思维。业余爱好篮球、羽毛球和弹吉他，是名副其实的"书虫"，也是 Kindle 的重度使用者，Coursera 和 edX 蹭课爱好者。

作者简介

Rishi Yadav 拥有 17 年设计和开发企业级应用的经验。他是一位开源软件专家，引领了美国公司的大数据趋势。Rishi 被评为 2014 年 40 位 40 岁以下硅谷杰出工程师之一。他于 1998 年获得著名的印度理工学院（Indian Institute of Technology，IIT）德里分校的学士学位。

大约在 10 年前，Rishi 创办了 InfoObjects，这是一家以深度探索数据为宗旨的企业。

InfoObjects 结合了开源和大数据技术来解决客户的业务问题，并特别注重 Apache Spark 技术。该公司已连续 4 年被列入发展最快公司 5000 强。InfoObjects 也被授予了 2014 及 2015 年度湾区最佳工作地点第一名的桂冠。

Rishi 是一位开源社区贡献者和活跃的博主。

"我要特别感谢我的另一半 Anjali 对我努力挤出时间进行冗长而艰巨的创作的包容，感谢我 8 岁的儿子 Vedant 每天追踪我的进度，感谢 InfoObjects 的 CTO 兼我的合伙人 Sudhir Jangir 领导公司的大数据工作，感谢 Helma Zargarian、Yogesh Chandani、Animesh Chauhan 和 Katie Nelson 的高效运营使得我可以专注于本书的创作，感谢我们的内部审查团队，尤其是 Arivoli Tirouvingadame、Lalit Shravage 和 Sanjay Shroff 的审查，没有你们的支持我绝对写不成本书。同时还要感谢 Marcel Izumi 对于本书插图的贡献。"

——Rishi

审阅者简介

Thomas W. Dinsmore 是一位独立顾问，为分析软件供应商提供产品咨询服务，他拥有 30 多年为世界各地企业提供分析解决方案的经验，独具动手分析经验和领导分析项目并提供解析结果的能力。

Thomas 之前的服务对象包括 SAS、IBM、波士顿咨询公司、普华永道和奥纬咨询公司。

Thomas 与他人合著了《现代分析方法》（Modern Analytics Methodologies）和《高级分析方法》（Advance Analytics Methodologies），由培生出版社于 2014 年出版，目前正在和 Apress 出版社商谈一本关于商业分析的新书的出版事宜。他的名为"大数据分析"的博客地址为 www.thomaswdinsmore.com。

"我要感谢 Packt 出版社的编辑和制作团队全体人员，是你们的不懈努力才能给公众带来这本制作精良的图书。"

——Thomas

连城不仅是一位来自 Databricks 公司的 Apache Spark 贡献者，还是一位来自中国的软件工程师。他的主要技术领域包括大数据分析、分布式系统和函数式编程语言。

连城也是《Erlang/OTP 并发编程实战》和《Erlang 并发编程（第一部分）》中文版的译者。

"我要感谢来自 AsiaInfo 的 Yi Tian 帮我检查第 6 章的部分内容。"

——连城

Amir Sedighi 是一位经验丰富的软件工程师，一位求知若渴的学习狂，一位积极主动的问题解决者。他的经验涵盖了软件开发领域，包括跨平台开发、大数据处理、数据流、信息检索和机器学习。他是一位在伊朗工作的大数据讲师和专家，拥有软件工程的本科和硕士学位。Amir 目前是 Rayanesh Dadegan Ekbatan 公司的 CEO，该公司是 Amir 历经数年为多家私营公司制定和实施分布式大数据和数据流媒体解决方案后，于 2013 年和他人共同创办的提供数据解决方案的公司。

"我要感谢 Packt 出版社的所有人，正是因为你们的辛苦工作，才能有这么多杰出的书，才能让读者们的职业技能增长。"

——Amir

前言

随着 Hadoop 这个大数据平台的成功，用户的期望也水涨船高，他们既希望解决不同分析问题的功能提高，又希望减少延迟。由此，各类工具应运而生。Apache Spark 这个可以解决所有问题的单一平台也出现在了 Hadoop 的大舞台上。"Spark 一出，谁与争锋"，它终结了需要使用多种工具来完成复杂挑战和学习曲线的局面。通过使用内存进行持久化存储和计算，Apache Spark 避免了磁盘上的中间存储过程并将速度提高了 100 倍，并且提供了一个单一平台用来完成诸如机器学习、实时 streaming 等诸多分析作业。

本书包含了 Apache Spark 的安装和配置，以及 Spark 内核、Spark SQL、Spark Streaming、MLlib 和 GraphX 库的构建方案。

 关于本书教程的更多内容，请访问 infoobjects.com/spark-cookbook。

内容概要

第 1 章　开始使用 Apache Spark。介绍了如何在多种环境和集群管理上安装 Spark。

第 2 章　使用 Spark 开发应用。介绍了在不同的 IDE 中使用不同的构建工具开发 Spark。

第 3 章　外部数据源。介绍了如何读写各种数据源。

第 4 章　Spark SQL。带你浏览 Spark SQL 模块，帮助你通过 SQL 接口使用 Spark的功能。

第 5 章　Spark Streaming。探索 Spark Streaming 库以分析实时数据源（比如 Kafka）

的数据。

第 6 章　机器学习——MLlib。介绍机器学习以及诸如矩阵、向量之类的基本概念。

第 7 章　监督学习之回归——MLlib。连续输出变量的监督学习。

第 8 章　监督学习之分类——MLlib。离散输出变量的监督学习。

第 9 章　无监督学习——MLlib。介绍例如 k-means 等无监督学习。

第 10 章　推荐系统。介绍使用多种技术（比如 ALS）构建推荐系统。

第 11 章　图像处理——GraphX。介绍 GraphX 的多种图像处理算法。

第 12 章　优化及调优。介绍多种 Spark 调优方法和性能优化技术。

阅读须知

你需要使用 InfoObjects 大数据沙箱软件运行本书的例子，该软件可以从 `http://www.infoobjects.com` 下载。

目标读者

只要你是一个希望使用 Apache Spark 更好地洞悉大数据的数据工程师、应用开发工程师或者数据科学家，那本书就是为你而写。

体例

本书将经常出现如下标题——准备工作、具体步骤、工作原理、更多内容和参考资料。

为了更清晰地撰写每一篇教程，我们会使用如下标题。

准备工作

本节介绍教程的大致内容，以及所需的软件和初步配置。

具体步骤

本节包含教程的具体步骤。

工作原理

本节通常由之前章节的具体解释组成。

更多内容

本节由教程相关的更多信息组成，帮助读者了解更多的知识。

参考资料

本节提供有用的链接和其他教程相关的有用信息。

本书约定

在本书中，我们将会用不同的格式区分不同的信息。

文本代码、数据表名、文件夹名、文件名、文件扩展名、路径名、虚拟 URL、用户输入和 Twitter 用户名格式如下所示："安装 Spark 之前，需要安装 Java 并配置好 JAVA_HOME 环境变量。"

代码段如下所示：

```
lazy val root = (project in file("."))
  settings(
    name := "wordcount"
  )
```

任何命令行输入输出如下所示：

```
$ wget http://d3kbcqa49mib13.cloudfront.net/spark-1.4.0-bin-hadoop2.4.tgz
```

新术语和重要的话用粗体显示，例如菜单或对话框显示如下："打开右上角你的账户名下拉框并点击**安全证书**"。

 警告或重要信息如此所示。

 提示和技巧如此所示。

读者反馈

读者反馈总是很受欢迎的。无论你喜不喜欢本书，都请让我们知道。读者的反馈对我们而言很重要，它会帮助我们提供对读者最有效的信息。

反馈请发送到 feedback@packtpub.com，并请在邮件主题上注明本书书名。

如果你对其中某一主题很有经验，想要写成一本书的话，请访问作者指南 www.packtpub.com/authors。

客户支持

现在，你可以很自豪地说自己是 Packt 图书的拥有者了，我们会最大程度地支持我们图书的客户。

下载本书彩图

我们还为你提供了本书的 PDF 文件，其中有本书截图的彩图。彩图可以帮助你更好地理解输出变化。你可以从 https://www.packtpub.com/sites/default/files/downloads/7061OS_ColorImages.pdf 下载。

勘误

虽然我们已经尽力确保内容的准确性，但是错误是难免的。如果你在我们的书中发现错误并报告给我们，不管是文本的或是代码的，我们将不胜感激。这样可以帮助减少其他读者的困扰并帮助我们提高后续版本的质量。如果你发现任何错误请访问 http://www.packtpub.com/submit-errata 并报告。选择你所读的书，点击勘误提交表格链接并输入你的勘误细节。一旦你的勘误被确认，提交就会被接受，勘误内容将在标题下的勘误章节中呈现。

要查看先前提交的勘误表，请访问 https://www.packtpub.com/books/content/support 并输入书名搜索。所需内容将出现在勘误章节中。

盗版

互联网上的盗版现象是一直存在的问题。在 Packt，我们非常重视版权和许可保护。如果你在互联网上看到任何形式的非法复制内容，请立即向我们提供网址或站名，以便我们补救。

请通过 copyright@packtpub.com 联系我们提供盗版材料地址。

非常感谢你对我们的作者和我们有价值的内容的保护。

联系我们

如果你对本书有任何方面的疑问，请通过 questions@packtpub.com 联系我们，我们将会竭尽所能地帮助你。

目录

第1章
开始使用 Apache Spark

在本章中，我们将介绍安装和配置 Spark，包括如下内容。

- 通过二进制可执行文件安装 Spark。

- 通过 Maven 构建 Spark 源码。

- 在 Amazon EC2 上安装 Spark。

- 在集群上以独立模式部署 Spark。

- 在集群上使用 Mesos 部署 Spark。

- 在集群上使用 YARN 部署 Spark。

- 使用 Tachyon 作为堆外存储层。

1.1　简介

Apache Spark 是一个用于处理大数据工作流的多功能集群计算系统。Spark 在速度、易用性以及分析能力上都强于它的前辈们（如 MapReduce）。

Apache Spark 最初在 2009 年，由加州大学伯克利分校的 AMPLab 实验室研发，在 2010 年按照 BSD 协议实现开源，并在 2013 年转为 Apache 2.0 协议。到 2013 年下半年，Spark 的创始人建立了 Databricks，专注于 Spark 的研发和未来的公开发行。

谈到速度，Spark 大数据工作流的处理可以达到亚秒级别的延迟。为了达到如此低的延迟，Spark 充分利用了内存。在 MapReduce 中，内存仅仅用于实际计算，而 Spark 不仅使用内存进行计算，而且还用于存储对象。

Spark 也提供一个连接各种大数据存储源的统一运行时接口，例如 HDFS、Cassandra、Hbase 和 S3。它同时也提供大量的用于不同的大数据计算任务的顶层库，例如机器学习、SQL 处理、图像处理以及实时数据流。这些库加快了开发速度，可以任意组合。

虽然 Spark 是用 Scala 所写，本书也只关注 Scala 部分的教程，但是 Spark 也支持 Java 和 Python 语言。

Spark 是一个开源社区产品，每个人都是用 Apache 纯开源分布部署，不像 Hadoop，有大量开发商改进的分布部署。

图 1-1 展示了 Spark 的生态圈。

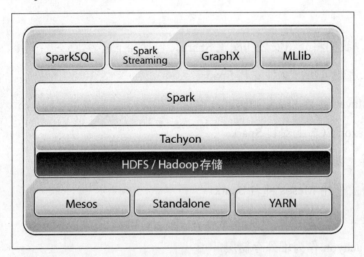

图 1-1　Spark 生态圈

Spark 运行时运行在一系列集群管理器的基础之上，包括 YARN（Hadoop 的计算框架）、Mesos 以及 Spark 自己的被称为独立模式的集群管理器。Tachyon 是一个内存层的分布式文件系统，使得集群架构之间的文件共享速度能够可靠到达内存级别。（译注：Tachyon 现已更名为 alluxio，官网地址：www.alluxio.org。本书的其他部分仍会按照原文写作 Tachyon，后续不再赘述。）简而言之，它是内存上的一个堆外存储层，用于在任务和用户之间分享数据。Mesos 是一个涉及数据中心处理系统的集群管理器。YARN 是一个有着健壮的资源管理特性的 Hadoop 计算框架，Spark 可以与它无缝连接使用。

1.2　使用二进制文件安装 Spark

Spark 既可以通过源码安装也可以通过预编译二进制安装，下载地址为 http://spark.

apache.org。对于标准使用场景来说，二进制安装已经足够了，这里将主要介绍通过二进制文件安装 Spark。

1.2.1　准备工作

本书的所有教程都是适用于 Ubuntu Linux 系统的，不过应该也适用于任何 POSIX 环境。在安装 Spark 之前，首先需要安装好 Java，并且配置好 JAVA_HOME 环境变量。

在 Linux/Unix 系统中，文件和目录的位置是有特定标准的，本书中也同样遵从这些标准，表 1-1 是一张速查表。

表 1-1　　　　　　　　　　　　速查表

目录	描述
/bin	基本命令二进制文件
/etc	主机特定系统配置
/opt	附加应用软件包
/var	变量
/tmp	临时文件
/home	用户主目录

1.2.2　具体步骤

在写作本书时，Spark 的当前版本是 1.4。请从 Spark 下载页面 http://spark.apache.org/downloads.html 查阅最新版本。二进制安装包是使用最新最稳定的 Hadoop 版本。如果想使用特定的 Hadoop 版本，推荐使用源码构建，具体请参考下一份教程。

安装步骤如下所示。

1. 打开终端，使用如下命令下载二进制安装包。

```
$ wget http://d3kbcqa49mib13.cloudfront.net/spark-1.4.0-bin-
hadoop2.4.tgz
```

2. 解压二进制安装包。

```
$ tar -zxf spark-1.4.0-bin-hadoop2.4.tgz
```

3. 重命名包含二进制安装包的文件夹，去除版本信息。

```
$ sudo mv spark-1.4.0-bin-hadoop2.4 spark
```

4. 把配置文件夹移动到/etc 文件夹下，以便之后制作软链接。

```
$ sudo mv spark/conf/* /etc/spark
```

5. 在/opt 目录下新建一个公司名限定的安装目录。本书的本篇教程是使用 infoobjects
沙盒测试的，所以我们就用 infoobjects 做目录名。创建目录/opt/infoobjects。

```
$ sudo mkdir -p /opt/infoobjects
```

6. 把 spark 目录移动到/opt/infoobjects，因为 spark 是一个附加软件包。

```
$ sudo mv spark /opt/infoobjects/
```

7. 设置 root 为 spark 主目录的权限用户。

```
$ sudo chown -R root:root /opt/infoobjects/spark
```

8. 修改 spark 主目录的权限，0755 意味着主用户将拥有读写和执行权限，而群用
户和其他用户拥有读和执行权限。

```
$ sudo chmod -R 755 /opt/infoobjects/spark
```

9. 进入 spark 主目录。

```
$ cd /opt/infoobjects/spark
```

10. 创建软链接。

```
$ sudo ln -s /etc/spark conf
```

11. 在.bashrc 文件中添加到 PATH 变量。

```
$ echo "export PATH=$PATH:/opt/infoobjects/spark/bin" >> /home/
hduser/.bashrc
```

12. 打开一个新终端。

13. 在/var 目录下创建 log 目录。

```
$ sudo mkdir -p /var/log/spark
```

14. 设置 hduser 为 Spark log 目录的权限用户

```
$ sudo chown -R hduser:hduser /var/log/spark
```

15. 创建 Spark `tmp` 目录。

```
$ mkdir /tmp/spark
```

16. 在以下命令的帮助下配置 Spark。

```
$ cd /etc/spark
$ echo "export HADOOP_CONF_DIR=/opt/infoobjects/hadoop/etc/hadoop"
>> spark-env.sh
$ echo "export YARN_CONF_DIR=/opt/infoobjects/hadoop/etc/Hadoop"
>> spark-env.sh
$ echo "export SPARK_LOG_DIR=/var/log/spark" >> spark-env.sh
$ echo "export SPARK_WORKER_DIR=/tmp/spark" >> spark-env.sh
```

1.3 通过 Maven 构建 Spark 源码

在大多数情况下使用二进制文件安装 Spark 已经足够了。对于一些高级的需求（并不局限于下列需求），通过源码编译是个更好的选择。

- 需要使用特定的 Hadoop 版本进行编译。
- 集成 Hive。
- 集成 YARN。

1.3.1 准备工作

开始本篇教程之前需要以下必备条件。

- Java 1.6 或更新版本。
- Maven 3.x。

1.3.2 具体步骤

使用 Maven 构建 Spark 源码的步骤如下。

1. 增大堆的 `MaxPermSize` 参数。

```
$ echo "export _JAVA_OPTIONS=\"-XX:MaxPermSize=1G\"" >> /home/
hduser/.bashrc
```

2. 打开一个新的终端窗口并通过 GitHub 下载源码。

```
$ wget https://github.com/apache/spark/archive/branch-1.4.zip
```

3. 解压缩文档。

```
$ gunzip branch-1.4.zip
```

4. 进入 spark 目录。

```
$ cd spark
```

5. 通过以下标签编译源码：激活 Yarn、Hadoop 版本设置为 2.4，激活 Hive 以及跳过测试以加快编译速度。

```
$ mvn -Pyarn -Phadoop-2.4 -Dhadoop.version=2.4.0 -Phive
-DskipTests clean package
```

6. 为了制作软链接，把 conf 目录移动到 etc 目录下。

```
$ sudo mv spark/conf /etc/
```

7. 把 spark 目录移动到/opt，因为 spark 是一个附加软件包。

```
$ sudo mv spark /opt/infoobjects/spark
```

8. 设置 root 为 spark 主目录的权限用户。

```
$ sudo chown -R root:root /opt/infoobjects/spark
```

9. 修改 spark 主目录的权限，0755 意味着主用户将拥有读写和执行权限，而同组用户和其他用户拥有读和执行权限。

```
$ sudo chmod -R 755 /opt/infoobjects/spark
```

10. 进入 spark 主目录。

```
$ cd /opt/infoobjects/spark
```

11. 创建软链接。

```
$ sudo ln -s /etc/spark conf
```

12. 在.bashrc 文件中添加到 PATH 变量。

```
$ echo "export PATH=$PATH:/opt/infoobjects/spark/bin" >> /home/
hduser/.bashrc
```

13. 在 /var 目录下创建 log 目录。

    ```
    $ sudo mkdir -p /var/log/spark
    ```

14. 设置 hduser 为 Spark log 目录的权限用户。

    ```
    $ sudo chown -R hduser:hduser /var/log/spark
    ```

15. 在 Spark 下创建 tmp 目录。

    ```
    $ mkdir /tmp/spark
    ```

16. 在以下命令的帮助下配置 Spark。

    ```
    $ cd /etc/spark
    $ echo "export HADOOP_CONF_DIR=/opt/infoobjects/hadoop/etc/hadoop"
    >> spark-env.sh
    $ echo "export YARN_CONF_DIR=/opt/infoobjects/hadoop/etc/Hadoop"
    >> spark-env.sh
    $ echo "export SPARK_LOG_DIR=/var/log/spark" >> spark-env.sh
    $ echo "export SPARK_WORKER_DIR=/tmp/spark" >> spark-env.sh
    ```

1.4　在 Amazon EC2 上部署 Spark

Amazon 弹性计算云（Amazon EC2）是一个能够提供可变大小的云计算实例的网络服务，Amazon EC2 提供以下特性。

- 通过互联网按需提供 IT 资源。

- 提供足够多的实例。

- 像支付水电费账单一样，按你使用实例的时间付费。

- 没有配置成本，无需安装，没有任何开销。

- 当你不需要实例时，只需关闭或者终止它们即可离开。

- 支持所有常用操作系统。

EC2 提供不同类型的实例，以满足所有计算需求，例如通用实例、微实例、内存优化实例、存储优化实例等，并提供微实例的免费试用。

1.4.1　准备工作

Spark 绑定的 spark-ec2 脚本使得在 Amazon EC2 上安装、管理以及关闭 Spark 集群变得很容易。

开始之前需要以下准备工作。

1. 登录你的 Amazon AWS 账号（http://aws.amazon.com/cn/）。

2. 点击右上角的我的账户下拉菜单中的安全证书。

3. 点击访问密钥并创建访问密钥（如图 1-2 所示）。

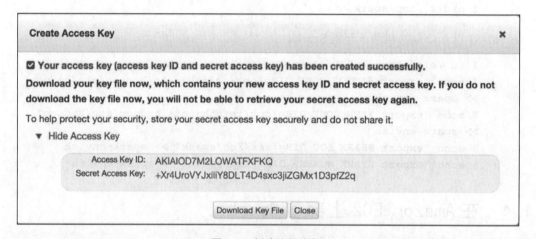

图 1-2　创建访问密钥

4. 记下访问密钥 ID（Access Key ID）和私有访问密钥（Secret Access Key）。

5. 现在，点开服务，点击 EC2。

6. 点击左侧菜单网络与安全下面的密钥对。

7. 如图 1-3 所示，点击创建密钥对（Create Key Pair），输入 kp-spark 作为密钥对的名字。

8. 下载私钥文件并复制到 home/hduser/keypairs 文件夹下。

9. 设置文件权限许可为 600。

10. 将公钥 ID 和密钥 ID 的设置到环境变量中（请使用你自己的值替换本文的样本）。

```
$ echo "export AWS_ACCESS_KEY_ID=\"AKIAOD7M2LOWATFXFKQ\"">> /
home/hduser/.bashrc
$ echo "export AWS_SECRET_ACCESS_KEY=\"+Xr4UroVYJxiLiY8DLT4DLT4D4s
xc3ijZGMx1D3pfZ2q\"">> /home/hduser/.bashrc
$ echo "export PATH=$PATH:/opt/infoobjects/spark/ec2">> /home/
hduser/.bashrc
```

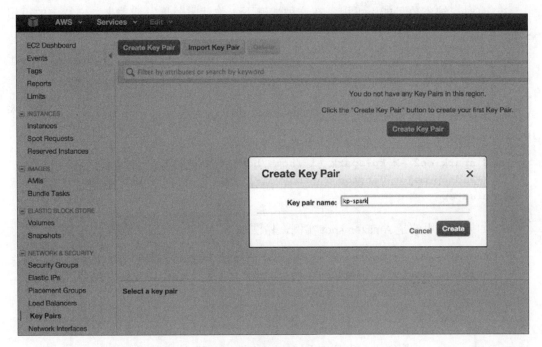

图 1-3　创建密钥对

1.4.2　具体步骤

1. Spark 绑定了在 Amazon EC2 上安装 Spark 集群的脚本。让我们使用以下命令部署集群。

```
$ cd /home/hduser
$ spark-ec2 -k <key-pair> -i<key-file> -s <num-slaves> launch
<cluster-name>
```

2. 以下列数值为例部署集群。

```
$ spark-ec2 -k kp-spark -i /home/hduser/keypairs/kp-spark.pem
--hadoop-major-version 2  -s 3 launch spark-cluster
```

- <密钥对>：这是 AWS 中创建的 EC2 密钥对的名字。
- <密钥文件>：这是你下载的私钥文件。
- <从节点库数>：这是部署的从节点的数量。
- <集群名称>：这是集群名字。

3．有时，缺省值可能不可用；在这种情况下，你就需要重发请求来制定特定的可用区域。

```
$ spark-ec2 -k kp-spark -i /home/hduser/keypairs/kp-spark.pem -z
us-east-1b --hadoop-major-version 2  -s 3 launch spark-cluster
```

4．如果你的应用需要实例关闭后保留数据，那么就为它增加一个 EBS 卷（例如一个10GB 的空间）。

```
$ spark-ec2 -k kp-spark -i /home/hduser/keypairs/kp-spark.pem
--hadoop-major-version 2 -ebs-vol-size 10 -s 3 launch spark-
cluster
```

5．如果你使用的是 Amazon spot 实例，做法如下。

```
$ spark-ec2 -k kp-spark -i /home/hduser/keypairs/kp-spark.pem
-spot-price=0.15 --hadoop-major-version 2  -s 3 launch spark-
cluster
```

> Spot 实例服务允许你自己定价来租 Amazon EC2 的计算能力。你只需要竞标 Amazon EC2 的空闲实例，当你的竞标价格大于当前标价时，你就可以使用该服务。该服务的价格是根据市场供求关系实时变化的（来源：amazon.com）。

6．一切部署完毕后，打开最后打印出来的网页 URL 来检查集群状态，如图 1-4 所示。

```
Connection to ec2-54-211-128-216.compute-1.amazonaws.com closed.
Spark standalone cluster started at http://ec2-54-211-128-216.compute-1.amazonaws.com:8080
Ganglia started at http://ec2-54-211-128-216.compute-1.amazonaws.com:5080/ganglia
Done!
```

图 1-4　集群状态

7．检查集群状态，如图 1-5 所示。

8．现在，在 EC2 上使用 Spark 集群，让我们使用安全外壳协议（SSH）连接到主节点上。

```
$ spark-ec2 -k kp-spark -i /home/hduser/kp/kp-spark.pem  login
spark-cluster
```

你应该会看到图 1-6 所示的内容。

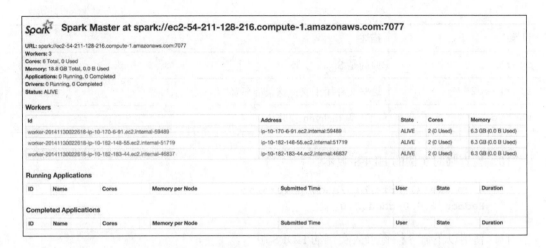

图 1-5　集群状态网页

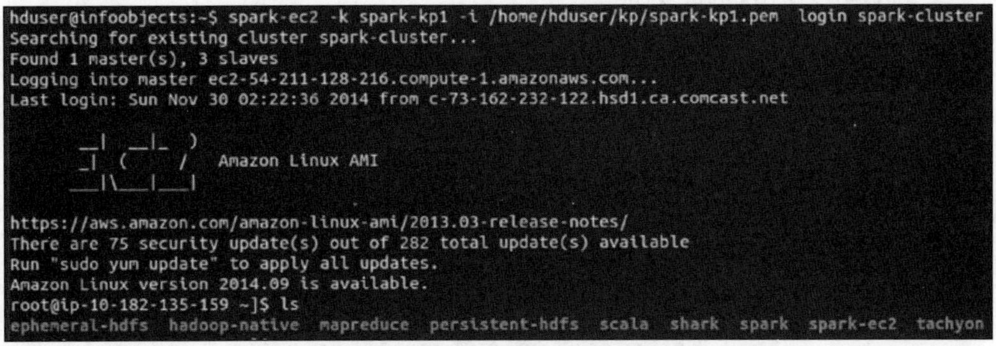

图 1-6　连接主节点

9. 检查主节点上的目录并查看它们的用途，如表 1-2 所示。

表 1-2　　　　　　　　　　　　　主节点目录说明

目录	描述
ephemeral-hdfs	此处存储临时的数据，当你关闭或重启机器时就会被删掉
persistent-hdfs	每个节点都有一个很小量的永久存储空间（大约 3 GB），如果使用的话，数据就会被存储在这个目录下
hadoop-native	这些是用于支持 Hadoop 的原生库，例如 Snappy 压缩库
Scala	此处是 Scala 安装
shark	此处是 Shark 安装（Shark 已经不再被支持，并且已经被 Spark SQL 取代）

目录	描述
spark	此处是 Spark 安装
spark-ec2	这些文件用于支持该集群部署
tachyon	此处是 Tachyon 安装

10. 检查临时实例的 HDFS 版本。

```
$ ephemeral-hdfs/bin/hadoop version
Hadoop 2.0.0-chd4.2.0
```

11. 使用以下命令检查永久实例的 HDFS 版本。

```
$ persistent-hdfs/bin/hadoop version
Hadoop 2.0.0-chd4.2.0
```

12. 改变日志的配置层。

```
$ cd spark/conf
```

13. 如图 1-7 所示，默认日志层信息非常冗长，所以我们把它改成 Error 级别。

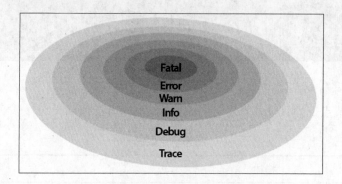

图 1-7　日志层

- 重命名模板为 log4.properties。

```
$ mv log4j.properties.template log4j.properties
```

- 使用 vi 或者你喜欢的编辑器打开 log4j.properties。

```
$ vi log4j.properties
```

- 把命令行| log4j.rootCategory=INFO, console| 改为 log4j.rootCategory= ERROR, console。

14. 修改之后将所有配置复制到所有的从节点上。

```
$ spark-ec2/copydir spark/conf
```

你应该会得到如图 1-8 所示的信息。

```
root@ip-10-168-32-181 ~]$ spark-ec2/copy-dir spark/conf/
RSYNC'ing /root/spark/conf to slaves...
ec2-174-129-51-11.compute-1.amazonaws.com
ec2-107-20-52-62.compute-1.amazonaws.com
ec2-54-224-17-251.compute-1.amazonaws.com
```

图 1-8　配置信息

15. 销毁 Spark 集群。

```
$ spark-ec2 destroy spark-cluster
```

1.4.3　参考资料

http://aws.amazon.com/ec2

1.5　在集群上以独立模式部署 Spark

在分布式环境中的计算资源需要管理，使得资源利用率高，每个作业都有公平运行的机会。Spark 有一个便利的被称为独立模式的自带集群管理器。Spark 也支持使用 YARN 或者 Mesos 做为集群管理器。

选择集群处理器时，主要需要考虑延迟以及其他架构，例如 MapReduce，是否共享同样的计算资源池。如果你的集群运行着旧有的 MapReduce 作业，并且这些作业不能转变为 Spark 作业，那么使用 YARN 作为集群管理器是个好主意。Mesos 是一种新兴的、方便跨平台管理作业的、与 Spark 非常兼容的数据中心操作系统。

如果 Spark 是你的集群的唯一框架，那么独立模式就足够好用了。随着 Spark 技术的发展，你会看到越来越多的 Spark 独立模式被用于处理所有的大数据计算需求。例如，目前有些作业可能在使用 Apache Mahout，因为 MLlib 目前没有作业所需要的特定的机器学习库。只要 MLlib 包含了这些库，这些特定的作业就可以移动到 Spark 了。

1.5.1　准备工作

让我们以由 6 个节点组成的一个集群的设置为例，包含一个主节点和 5 个从节点（在你的实际集群中以真实的名字替换它们）。

主节点

m1.zettabytes.com

从节点

s1.zettabytes.com
s2.zettabytes.com
s3.zettabytes.com
s4.zettabytes.com
s5.zettabytes.com

1.5.2　具体步骤

1. 因为 Spark 的独立模式是默认的，所以你需要做的就是在所有主节点和从节点上安装 Spark 二进制文件。把/opt/infoobjects/spark/sbin 放到每个节点的路径中。

```
$ echo "export PATH=$PATH:/opt/infoobjects/spark/sbin">> /home/
hduser/.bashrc
```

2. 开启独立主服务器（先 SSH 到主节点）。

```
hduser@m1.zettabytes.com~] start-master.sh
```

从节点连接主节点的默认端口是 7077，8088 是它的网页界面端口。

3. 请 SSH 到主节点去开启从节点，主从节点之间的细粒度配置参数如表 1-3 所示。

```
hduser@s1.zettabytes.com~] spark-class org.apache.spark.deploy.
worker.Worker spark://m1.zettabytes.com:7077
```

表 1-3　　　　　　　　　　　　　　　相关参数

参数（下列参数适用于主节点和从节点的细粒度配置）	含义
-i<ipaddress>,-ip<ipaddress>	IP 地址/DNS 服务监听
-p <port>, --port <port>	端口服务监听

续表

参数（下列参数适用于主节点和从节点的细粒度配置）	含义
`--webui-port <port>`	网页前端端口（主节点默认为 8080，从节点默认为 8081）
`-c <cores>,--cores <cores>`	该机器可用于 Spark 应用的总 CPU 内核数（仅适用从节点）
`-m <memory>,--memory <memory>`	该机器可用于 Spark 应用的总内存（仅适用从节点
`-d <dir>,--work-dir<dir>`	用于划分空间和存放作业输出日志的目录

4. 不仅可以手动启动主从节点的守护程度，还可以使用集群启动脚本来完成。

5. 首先，在主节点创建 `conf/slaves` 文件夹，并加入每一个从节点的主机名（本例有 5 个从节点，在实际操作中使用你自己从节点的 DNS 替换它们）。

```
hduser@m1.zettabytes.com~] echo "s1.zettabytes.com" >> conf/slaves
hduser@m1.zettabytes.com~] echo "s2.zettabytes.com" >> conf/slaves
hduser@m1.zettabytes.com~] echo "s3.zettabytes.com" >> conf/slaves
hduser@m1.zettabytes.com~] echo "s4.zettabytes.com" >> conf/slaves
hduser@m1.zettabytes.com~] echo "s5.zettabytes.com" >> conf/slaves
```

一旦从节点设置好了，你就可以使用如下脚本开启或停止集群，如表 1-4 所示。

表 1-4　　　　　　　　　　　　　相关脚本

脚本名称	目的
`start-master.sh`	在主机上开启一个主实例
`start-slaves.sh`	在每个节点的从节点文件上开启一个从实例
`start-all.sh`	开启主进程和从进程
`stop-master.sh`	停止主机上的主实例
`stop-slaves.sh`	停止所有节点的从节点文件的从实例
`stop-all.sh`	停止主进程和从进程

6. 使用 Scala 代码将应用连接到集群。

```
val sparkContext = new SparkContext(new SparkConf().
```

```
setMaster("spark://m1.zettabytes.com:7077")
```

7. 通过 Spark shell 连接到集群。

```
$ spark-shell --master spark://master:7077
```

1.5.3　工作原理

在独立模式下，Spark 与 Hadoop、MapReduce 以及 YARN 类似，遵循主从架构。计算主程序被称为 Spark master，它运行在主节点上。通过使用 ZooKeeper，Spark master 可以具有高可用性。如果需要的话，你可以增加更多的备用主节点。

计算从程序又被称为 worker，它运行在每一个从节点上，worker 程序执行如下操作。

- 报告从节点的可用计算资源给主节点，例如内核数、内存以及其他。

- 响应 Spark master 的执行要求，派生执行程序。

- 重启死掉的执行程序。

每个从节点机器的每个应用程序最多只有一个执行程序。

Spark master 和 worker 都非常轻巧。通常情况下，500 MB 到 1 GB 的内存分配就足够了。可以通过设置 conf/spark-env.sh 文件里的 SPARK_DAEMON_MEMORY 参数修改这个值。例如，如下配置将主节点和从节点的计算程序的内存设置为 1 GB。确保使用超级用户（sudo）运行：

```
$ echo "export SPARK_DAEMON_MEMORY=1g" >> /opt/infoobjects/spark/conf/
spark-env.sh
```

默认情况下，每个从节点上运行一个 worker 实例。有时候，你的几台机器可能比其他的都强大，在这种情况下，你可以通过以下配置派生多个作业到该机器上（特指那些强大的机器）：

```
$ echo "export SPARK_WORKER_INSTANCES=2" >> /opt/infoobjects/spark/conf/
spark-env.sh
```

Spark worker 在默认情况下使用从节点机器的所有内核执行程序。如果你想要限制 worker 使用的内核数的话，可以通过如下配置设置该参数（例如 12）：

```
$ echo "export SPARK_WORKER_CORES=12" >> /opt/infoobjects/spark/conf/
spark-env.sh
```

Spark worker 在默认情况下使用所有可用的内存（对执行程序来说是 1 GB）。请注意，你不能给每一个具体的执行程序分配内存（你可以通过驱动配置对此进行控制）。想要分配所有执行程序的总内存数，可以执行如下设置：

```
$ echo "export SPARK_WORKER_MEMORY=24g" >> /opt/infoobjects/spark/conf/
spark-env.sh
```

在驱动级别，你可以进行如下设置。

- 要通过集群指定特定应用的最大 CPU 内核数，可以通过设置 Spark submit 或者 Spark shell 中的 `spark.cores.max` 配置。

  ```
  $ spark-submit --confspark.cores.max=12
  ```

- 若要指定每个执行程序应分配的内存数（建议最小为 8 GB），可以通过设置 Spark submit 或者 Spark shell 中的 `spark.executor.memory` 配置。

  ```
  $ spark-submit --confspark.executor.memory=8g
  ```

图 1-9 描述了 Spark 集群的高层架构。

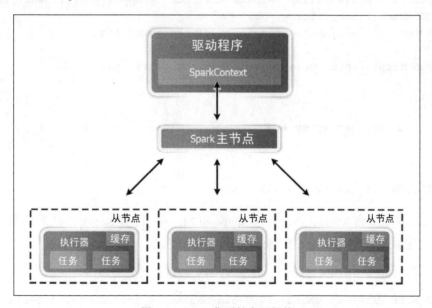

图 1-9　Spark 集群的高层架构

1.5.4　参考资料

http://spark.apache.org/docs/latest/spark-standalone.html 找到

更多配置选项。

1.6 在集群上使用 Mesos 部署 Spark

Mesos 正慢慢崛起为跨数据中心管理所有计算资源的数据中心管理系统。Mesos 可以运行在任意一台 Linux 操作系统的机器上。Mesos 与 Linux 内核有着相同的配置原则。让我们看看如何安装 Mesos。

具体步骤

Mesosphere 提供 Mesos 的二进制安装包。最新的 Mesos 分布式安装包可以通过 Mesosphere 库按照如下步骤安装。

1. 在 Ubuntu 操作系统的可靠版本上执行 Mesos。

```
$ sudo apt-key adv --keyserver keyserver.ubuntu.com -recv
E56151BF DISTRO=$(lsb_release -is | tr '[:upper:]' '[:lower:]')
CODENAME=$(lsb_release -cs)
$ sudo vi /etc/apt/sources.list.d/mesosphere.list

deb http://repos.mesosphere.io/Ubuntu trusty main
```

2. 更新库。

```
$ sudo apt-get -y update
```

3. 安装 Mesos。

```
$ sudo apt-get -y install mesos
```

4. 连接 Spark 到 Mesos 上以整合 Spark 和 Mesos，配置 Spark 二进制安装包以适应 Mesos，并配置 Spark 驱动以连接 Mesos。

5. 把第一份教程中使用到的 Spark 二进制安装包上传到 HDFS。

```
$ hdfs dfs -put spark-1.4.0-bin-hadoop2.4.tgz spark-1.4.0-bin-
hadoop2.4.tgz
```

6. Mesos 单主节点的主 URL 是 mesos://host:5050，如果使用 ZooKeeper 管理 Mesos 集群的话，URL 是 mesos://zk://host:2181。

7. 配置 spark-env.sh 中的如下变量。

```
$ sudo vi spark-env.sh
export MESOS_NATIVE_LIBRARY=/usr/local/lib/libmesos.so
export SPARK_EXECUTOR_URI= hdfs://localhost:9000/user/hduser/
spark-1.4.0-bin-hadoop2.4.tgz
```

8.　通过 Scala 运行。

```
val conf = new SparkConf().setMaster("mesos://host:5050")
val sparkContext = new SparkContext(conf)
```

9.　通过 Spark 运行。

```
$ spark-shell --master mesos://host:5050
```

> Mesos 有两种模式。
> - Fine-grained：在 fine-grained 模式（默认模式）下，每个 Spark 任务以独立的 Mesos 任务运行。
> - Coarse-grained：在此模式下，仅会在每个 Mesos 机器上发起一个长时间运行的 Spark 任务。

10.　如果想要修改模式为 coarse-grained，配置 `spark.mesos.coarse`。

```
conf.set("spark.mesos.coarse","true")
```

1.7　在集群上使用 YARN 部署

另一种资源协调者（YARN）是基于 HDFS 这个 Hadoop 存储层的 Hadoop 计算框架。

YARN 遵循主从架构。主守护进程被称为资源管理器（ResourceManager），从守护进程被称为节点管理器（NodeManager）。除此之外，生命周期管理由 ApplicationMaster 负责，它可以被派生到任何从节点上并可以生存一个应用的生命周期时长。

如果 Spark 运行在 YARN 上的话，资源管理器充当 Spark master，节点管理器充当执行节点。

如果 Spark 运行在 YARN 上的话，每个 Spark 执行程序以 YARN 容器（container）的形式运行。

1.7.1　准备工作

在 YARN 上部署 Spark 需要一个拥有 YARN 支持的 Spark 二进制安装包。在按照 Spark

安装教程时，需要注意这一点。

1.7.2　具体步骤

1. 在 YARN 上部署 Spark，第一步就是设置配置参数。

```
HADOOP_CONF_DIR: to write to HDFS
YARN_CONF_DIR: to connect to YARN ResourceManager
$ cd /opt/infoobjects/spark/conf (or /etc/spark)
$ sudo vi spark-env.sh
export HADOOP_CONF_DIR=/opt/infoobjects/hadoop/etc/Hadoop
export YARN_CONF_DIR=/opt/infoobjects/hadoop/etc/hadoop
```

图 1-10 可见这些配置。

```
#!/usr/bin/env bash

# This file contains environment variables required to run Spark. Copy it as
# spark-env.sh and edit that to configure Spark for your site.
#
# The following variables can be set in this file:
# - SPARK_LOCAL_IP, to set the IP address Spark binds to on this node
# - MESOS_NATIVE_LIBRARY, to point to your libmesos.so if you use Mesos
# - SPARK_JAVA_OPTS, to set node-specific JVM options for Spark. Note that
#   we recommend setting app-wide options in the application's driver program.
#     Examples of node-specific options : -Dspark.local.dir, GC options
#     Examples of app-wide options : -Dspark.serializer
#
# If using the standalone deploy mode, you can also set variables for it here:
# - SPARK_MASTER_IP, to bind the master to a different IP address or hostname
# - SPARK_MASTER_PORT / SPARK_MASTER_WEBUI_PORT, to use non-default ports
# - SPARK_WORKER_CORES, to set the number of cores to use on this machine
# - SPARK_WORKER_MEMORY, to set how much memory to use (e.g. 1000m, 2g)
# - SPARK_WORKER_PORT / SPARK_WORKER_WEBUI_PORT
# - SPARK_WORKER_INSTANCES, to set the number of worker processes per node
# - SPARK_WORKER_DIR, to set the working directory of worker processes
export HADOOP_CONF_DIR=/opt/infoobjects/hadoop/etc/hadoop
export YARN_CONF_DIR=/opt/infoobjects/hadoop/etc/hadoop
export SPARK_LOG_DIR=/var/log/spark
export SPARK_WORKER_DIR=/var/spark/worker
```

图 1-10　Spark 配置

2. 以下命令以 yarn-client 模式启动 YARN Spark。

```
$ spark-submit --class path.to.your.Class --master yarn-client
[options] <app jar> [app options]
```

例如：

```
$ spark-submit --class com.infoobjects.TwitterFireHose —master
```

```
yarn-client --num-executors 3 --driver-memory 4g —executor-memory
2g --executor-cores 1 target/sparkio.jar 10
```

3. 以下命令以 `yarn-client` 模式启动 Spark shell。

```
$ spark-shell --master yarn-client
```

4. 以下命令以 `yarn-cluster` 模式启动。

```
$ spark-submit --class path.to.your.Class --master yarn-cluster
[options] <app jar> [app options]
```

例如：

```
$ spark-submit --class com.infoobjects.TwitterFireHose —master
yarn-cluster --num-executors 3 --driver-memory 4g --executor-
memory 2g --executor-cores 1 target/sparkio.jar 10
```

1.7.3　工作原理

部署在 YARN 上的 Spark 应用有两种模式。

- `yarn-client`：Spark 驱动运行在 YARN 集群之外的客户端进程上，并且 `ApplicationMaster` 仅用于协商安排资源管理器的资源。

- `yarn-cluster`：Spark 驱动运行在由从节点的节点管理器派生出来的 `ApplicationMaster` 上。

`yarn-cluster` 模式建议用于生产环境部署，而 `yarn-client` 模式很适合用于开发和调试，因为你可以立即看到输出。不需要特别分别 Spark master 在哪个模式下，因为它由 Hadoop 配置决定，master 的参数要么是 `yarn-client`，要么是 `yarn-cluster`。

图 1-11 是 client 模式下在 YARN 上部署 Spark 的架构图。

图 1-12 是 cluster 模式下在 YARN 上部署 Spark 的架构图。

在 YARN 模式下，可以配置如下参数。

- `num-executors`：配置可分配执行程序数。

- `executor-memory`：每个执行程序的内存（RAM）。

- `executor-cores`：每个执行程序的 CPU 内核数。

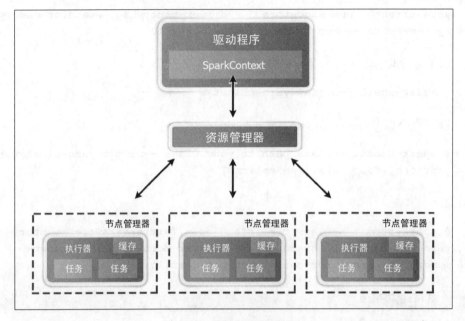

图 1-11 client 模式架构图

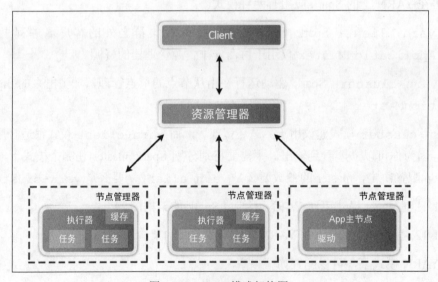

图 1-12 cluster 模式架构图

1.8 使用 Tachyon 作为堆外存储层

Spark 弹性分布式数据集（RDD）很适合在内存上存储数据集，可以在不同应用上存储大量备份。Tachyon 可以解决 Spark RDD 管理的一些挑战性问题，如下所示。

- RDD 仅存在于 Spark 应用期间。

- 计算程序和 RDD 内存存储共享同样的执行过程；所以，如果一个进程崩溃了，那么内存存储也会消失。

- 即使处理同样的底层数据，不同作业的 RDD 是不能共享的，例如使用 HDFS 数据块。

  - 慢速写入磁盘。

  - 在内存中备份数据，更高的内存占用。

- 如果需要与其他应用程序共享输出，由于需要磁盘复制速度会非常慢。

Tachyon 提供了堆外存储层来解决这些问题。该层（即堆外存储层）不受进程崩溃的影响也不会被垃圾回收器标记，同时也可以让 RDD 独立于特定的作业或对话之上实现跨应用共享。本质上，数据的一个存储在内存上的单一副本如图 1-13 所示。

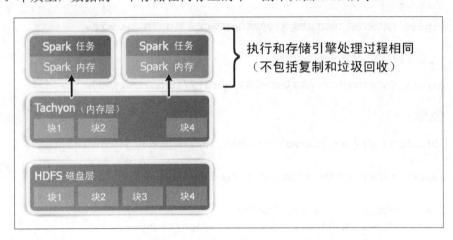

图 1-13　数据存储

1.8.1　具体步骤

1. 下载并编译 Tachyon（在默认情况下 Tachyon 配置的 Hadoop 版本为 1.0.4，所以需要从源代码编译，选择正确的 Hadoop 版本）。替换当前版本，本书所写是版本为 0.6.4。

```
$ wget https://github.com/amplab/tachyon/archive/v<version>.zip
```

2. 解压源代码。

```
$ unzip v-<version>.zip
```

3. 为了方便，重命名 Tachyon 源文件名。

```
$ mv tachyon-<version> tachyon
```

4. 修改 Tachyon 文件夹目录。

```
$ cd tachyon
$ mvn -Dhadoop.version=2.4.0 clean package -DskipTests=true
$ cdconf
$ sudo mkdir -p /var/tachyon/journal
$ sudo chown -R hduser:hduser /var/tachyon/journal
$ sudo mkdir -p /var/tachyon/ramdisk
$ sudo chown -R hduser:hduser /var/tachyon/ramdisk

$ mv tachyon-env.sh.template tachyon-env.sh
$ vi tachyon-env.sh
```

5. 注释下面这行。

```
export TACHYON_UNDERFS_ADDRESS=$TACHYON_HOME/underfs
```

6. 去掉下面这行前面的注释。

```
export TACHYON_UNDERFS_ADDRESS=hdfs://localhost:9000
```

7. 修改以下属性。

```
-Dtachyon.master.journal.folder=/var/tachyon/journal/

export TACHYON_RAM_FOLDER=/var/tachyon/ramdisk

$ sudo mkdir -p /var/log/tachyon
$ sudo chown -R hduser:hduser /var/log/tachyon
$ vi log4j.properties
```

8. 用/var/log/tachyon 替换${tachyon.home}。

9. 在 conf 目录下创建新文件 core-site.xml。

```
$ sudo vi core-site.xml
<configuration>
<property>
    <name>fs.tachyon.impl</name>
    <value>tachyon.hadoop.TFS</value>
  </property>
</configuration>
```

```
$ cd ~
$ sudo mv tachyon /opt/infoobjects/
$ sudochown -R root:root /opt/infoobjects/tachyon
$ sudochmod -R 755 /opt/infoobjects/tachyon
```

10. 将<tachyon home>/bin 加入路径。

```
$ echo "export PATH=$PATH:/opt/infoobjects/tachyon/bin" >> /home/
hduser/.bashrc
```

11. 重启 shell 并格式化 Tachyon。

```
$ tachyon format
$ tachyon-start.sh local //you need to enter root password as
RamFS needs to be formatted
```

Tachyon 的网页端口是 http://hostname:19998，如图 1-14 所示。

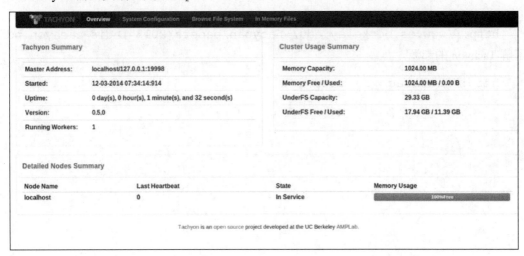

图 1-14 Tachyon 网页

12. 运行以下程序观测 Tachyon 是否运行良好，如图 1-15 所示。

```
$ tachyonrunTest Basic CACHE_THROUGH
```

图 1-15

13. 以下命令可以随时停止 Tachyon。

```
$ tachyon-stop.sh
```

14. 在 Spark 上运行 Tachyon。

```
$ spark-shell
scala> val words = sc.textFile("tachyon://localhost:19998/words")
scala> words.count
scala> words.saveAsTextFile("tachyon://localhost:19998/w2")
scala> val person = sc.textFile("hdfs://localhost:9000/user/
hduser/person")
scala> import org.apache.spark.api.java._
scala> person.persist(StorageLevels.OFF_HEAP)
```

1.8.2 参考资料

http://www.cs.berkeley.edu/~haoyuan/papers/2013_ladis_tachyon.pdf
了解 Tachyon 的起源。

http://www.tachyonnexus.com

第2章
使用 Spark 开发应用

在本章中，我们将介绍以下内容。

- 探索 Spark shell。

- 在 Eclipse 中使用 Maven 开发 Spark 应用。

- 在 Eclipse 中使用 SBT 开发 Spark 应用。

- 在 Intellij IDEA 中使用 Maven 开发 Spark 应用。

- 在 Intellij IDEA 中使用 SBT 开发 Spark 应用。

2.1 简介

要创建可用于生产实际的 Spark 作业或应用，使用各种集成开发环境（Integrated Development Environments，IDEs）和构建工具非常有用。本章将会介绍各种 IDEs 和构建工具。

2.2 探索 Spark shell

Spark 捆绑了一个 REPL shell，REPL shell 是由 Scala shell 封装的。虽然 Spark shell 看起来只是个做简单事情的命令行，但是实际上很多复杂查询都可以通过它来执行。本章探讨开发 Spark 应用的不同开发环境。

具体步骤

如果使用 Spark shell 的话，Hadoop MapReduce 的字数统计就会变得很简单。本篇教程将会创建一个单行的文本文件，上传到 Hadoop 分布式文件系统（Hadoop Distributed File System，HDFS）中，并使用 Spark 来统计字数。让我们看看怎么做。

1. 使用以下命令创建一个名叫 words 的文件夹。

```
$ mkdir words
```

2. 进入 words 目录。

```
$ cd words
```

3. 创建一个名叫 sh.txt 的文本文件并键入内容 "to be or not to be"。

```
$ echo "to be or not to be"> sh.txt
```

4. 打开 Spark shell。

```
$ spark-shell
```

5. 将 words 目录载入 RDD。

```
scala> val words = sc.textFile("hdfs://localhost:9000/user/hduser/words")
```

6. 计算行数（结果为一）。

```
scala> words.count
```

7. 把单行（或多行）分割成多个单词。

```
scala> val wordsFlatMap = words.flatMap(_.split("\\W+"))
```

8. 转换单词格式为（word，1），也就是说，将每个单词作为键，输出 1 作为每个单词的值。

```
scala> val wordsMap = wordsFlatMap.map( w => (w,1))
```

9. 使用 reduceByKey 方法以单词为键进行求和（本方法需要的两个连续参数，用 a 和 b 表示）。

```
scala> val wordCount = wordsMap.reduceByKey( (a,b) => (a+b))
```

10. 对结果进行排序。

```
scala> val wordCountSorted = wordCount.sortByKey(true)
```

11. 输出 RDD。

```
scala> wordCountSorted.collect.foreach(println)
```

12. 将上述所有步骤合为一步。

```scala
scala> sc.textFile("hdfs://localhost:9000/user/hduser/words").
flatMap(_.split("\\W+")).map( w => (w,1)). reduceByKey( (a,b) =>
(a+b)).sortByKey(true).collect.foreach(println)
```

输出结果如下。

```
(or,1)
(to,2)
(not,1)
(be,2)
```

现在原理都介绍完了，上传一个大文本文件（比如一段故事）到 HDFS 上，然后等着见证奇迹吧。

如果你的文件是压缩格式的，你依然可以把它们上传到 HDFS 上。不管是 Hadoop 还是 Spark 都可以解码压缩文件，用于文件格式扩展。

在将 `wordsFlatMap` 格式转换为 `wordsMap` RDD 的过程中，有一个隐式转换。它首先把 RDD 转换为 `PairRDD`，这是一种隐式转换，不需要任何额外的操作。如果你写的是 Scala 代码的话，需要加上一句 `import` 语句，如下所示。

```
import org.apache.spark.SparkContext._
```

2.3 在 Eclipse 中使用 Maven 开发 Spark 应用

Maven 作为构建工具已经成为了多年来的事实上的标准。我们有必要在此深入了解一下 Maven。Maven 有以下两个主要特征。

- 约定优于配置：在 Maven 之前的构建工具允许开发者自由的选择源文件、测试文件、编译文件等的放置位置。Maven 去掉了这种自由，同时也就意味着去掉了文件位置的混乱。在 Maven 中，有一个特定的目录架构。表 2-1 展示了一些最通用的目录位置。

- 声明依赖管理：在 Maven 中，每个库都由表 2-2 的三层坐标定义。

表 2-1 Maven 的目录位置

`/src/main/scala`	Scala 的源代码
`/src/main/java`	Java 的源代码
`/src/main/resources`	源代码所需的资源，例如配置文件

续表

/src/test/scala	Scala 的测试代码
/src/test/java	Java 的测试代码
/src/test/resource	测试代码所需的资源，例如配置文件

表 2-2   Maven 的三层坐标

groupId	和 Java/Scala 包很类似的分组管理库的逻辑方式，其中至少有你自己的域名（比如 org.apache.spark）
artifactId	项目或者 JAR 的名字
version	标准版本号

在 pom.xml（一个用于告知 Maven 所有项目相关信息的配置文件）中，用以上三层坐标方式定义依赖关系。没有必要搜索互联网再下载、解压和复制库了。你只需提供依赖相关的 JAR 的三层坐标，剩下的 Maven 都会帮你做好。下面是一个使用 JUnit 依赖的例子。

```
<dependency>
  <groupId>junit</groupId>
  <artifactId>junit</artifactId>
  <version>4.12</version>
</dependency>
```

这使得依赖管理、包括依赖传递变得非常容易。在 Maven 之后的构建工具诸如 SBT 和 Gradle 等也遵循以上两个规则，同时还提供其他方面的功能增强。

2.3.1　准备工作

从本篇教程起，本章默认你已经安装了 Eclipse。请访问 http://www.eclipse.org 以获得更多细节。

2.3.2　具体步骤

为 Eclipse 安装 Maven 插件的步骤如下。

1. 打开 Eclipse 导航栏的帮助|安装新软件（Help | Install New Software）。

2. 点击 Work With 下拉菜单。

3. 选择 Eclipse 版本（<eclipse version>）更新。

4．点击 Collaboration 工具。

5．将 Maven 整合到 Eclipse，如图 2-1 所示。

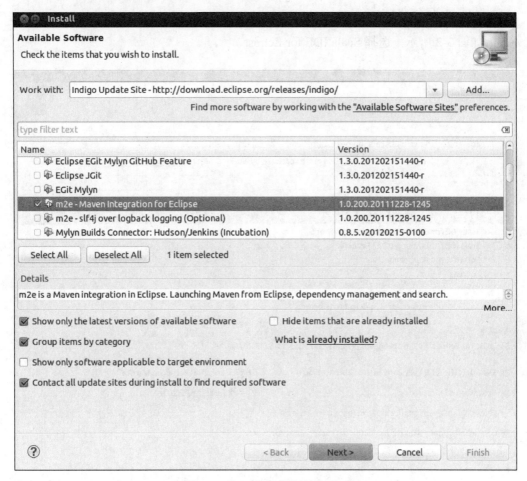

图 2-1　将 Maven 整合到 Eclipse

6．点击下一步（Next），然后点击完成（Finish）。

此时将会有一个重启 Eclipse 的提示，重启后 Maven 就安装好了。

接下来是介绍如何在 Eclipse 中安装 Scala 插件。

1．打开 Eclipse 导航栏的帮助|安装新软件（Help | Install New Software）。

2．点击 Work With 下拉菜单。

3．选择 Eclipse 版本（＜eclipse version＞）更新。

4．键入 `http://download.scala-ide.org/sdk/helium/e38/scala210/stable/site`。

5．点击进入（Enter）。

6．如图 2-2 所示，选择 Scala IDE for Eclipse。

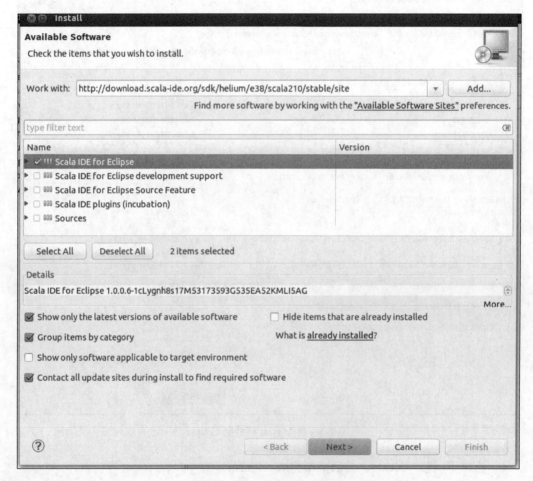

图 2-2　Scala IDE for Eclipse

7．点击下一步（Next），然后点击完成（Finish）。将会有一个重启 Eclipse 的提示，重启后 Scala 就安装好了。

8．打开导航栏的窗口 | 打开透视图 | Scala（Window | Open Perspective | Scala）。

现在，Eclipse 可以用于 Scala 开发了！

2.4　在 Eclipse 中使用 SBT 开发 Spark 应用

简单构建工具（Simple Build Tool，SBT）是一个专为基于 Scala 开发所创建的构建工具。SBT 遵从基于 Maven 的依赖管理命名规则和声明。

SBT 在 Maven 基础之上提供如下增强功能。

- 与 Maven 的 pom.xml 不同的是，依赖在 build.sbt 文件中以键值对形式存储。
- 它可以提供 shell，使得执行构建操作非常方便。
- 它对于没有依赖的简单项目而言，甚至都不需要 build.sbt 文件。

在 build.sbt 中，第一行是项目定义。

```
lazy val root = (project in file("."))
```

每个项目都有一个不可变的键值对映射，SBT 的映射改变方式如下。

```
lazy val root = (project in file("."))
  settings(
    name := "wordcount"
  )
```

设置中每一次改变都会创建一个新的映射，因为它们都是不可变映射。

具体步骤

添加 sbteclipse 插件的步骤如下。

1. 将下面的语句添加到全局插件文件。

   ```
   $ mkdir /home/hduser/.sbt/0.13/plugins
   ```

   ```
   $ echo addSbtPlugin("com.typesafe.sbteclipse" % "sbteclipse-plugin" % "2.5.0" ) > /home/hduser/.sbt/0.12/plugins/plugin.sbt
   ```

   或者你可以把以下语句添加到你的项目中。

   ```
   $ cd<project-home>
   ```

   ```
   $ echo addSbtPlugin("com.typesafe.sbteclipse" % "sbteclipse-plugin" % "2.5.0" ) > plugin.sbt
   ```

2. 打开 sbt shell，不需要添加任何参数。

   ```
   $sbt
   ```

3. 键入 eclipse，此时就会生成一个适用于 Eclipse 的项目。

$ eclipse

4. 现在你可以打开导航栏的文件|导入|导入已有项目到工作目录（File | Import | Import existing project into workspace），把项目导入到 Eclipse。

现在你可以使用 Eclipse 和 SBT，用 Scala 语言开发 Spark 应用了。

2.5　在 IntelliJ IDEA 中使用 Maven 开发 Spark 应用

IntelliJ IDEA 带有 Maven 支持。本篇教程将会介绍如何创建一个新的 Maven 项目。

具体步骤

在 IntelliJ IDEA 中使用 Maven 开发 Spark 应用的步骤如下。

1. 如图 2-3 所示，在新项目窗口中选择 Maven 并点击下一步（Next）。

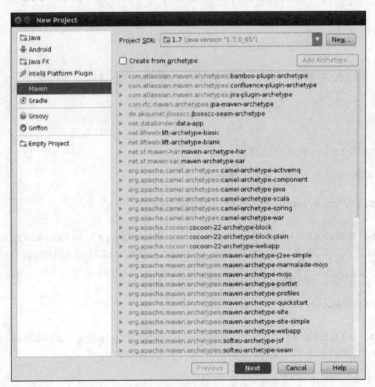

图 2-3　在新项目窗口中选择 Maven

2．如图 2-4 所示，输入项目的三层定义。

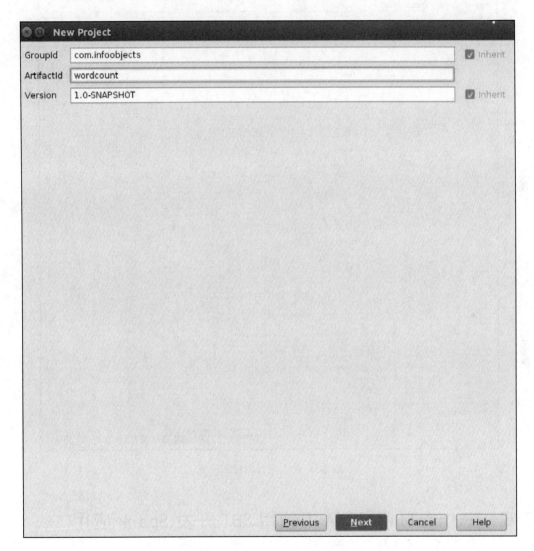

图 2-4　输入项目的三层定义

3．如图 2-5 所示，输入项目名称和位置。

4．点击完成（Finish），Maven 项目就完成了。

图 2-5 输入项目名称和位置

2.6 在 Intellij IDEA 中使用 SBT 开发 Spark 应用

在 Eclipse 名声大振之前，IntelliJ IDEA 被认为是最好的 IDEs。不过 IDEA 依然继续着它之前的辉煌，依然有很多开发者喜欢 IDEA。IDEA 还有免费的社区版，它提供了 SBT 的原生支持，这使得它非常适合使用 SBT 开发 Scala。

具体步骤

使用 IntelliJ IDEA 和 SBT 开发 Spark 应用的步骤如下。

1. 添加 `sbt-idea` 插件。

2. 将下面的语句添加到全局插件文件。

```
$mkdir /home/hduser/.sbt/0.13/plugins

$echo addSbtPlugin("com.github.mpeltone" % "sbt-idea" % "1.6.0" )
> /home/hduser/.sbt/0.12/plugins/plugin.sbt
```

或者你可以把以下语句添加到你的项目中。

```
$cd <project-home>

$ echo addSbtPlugin("com.github.mpeltone" % "sbt-idea" % "1.6.0" )
> plugin.sbt
```

IDEA 现在可以使用 SBT 了。

现在你可以使用 SBT 和 Scala 语言开发 Spark 应用了。

第 3 章
外部数据源

Spark 的一个优点就在于它提供一个运行时以支持多种不同格式的数据源。

本章我们将会连接不同的数据源。在本章中，我们将会介绍以下内容。

- 从本地文件系统加载数据。

- 从 HDFS 加载数据。

- 从 HDFS 加载自定义输入格式的数据。

- 从 Amazon S3 加载数据。

- 从 Apache Cassandra 加载数据。

- 从关系型数据库加载数据。

3.1 简介

Spark 为大数据提供一个统一的运行时。HDFS，即 Hadoop 文件系统，是 Spark 最常用的存储平台，因为它提供商用硬件上的非结构化和半结构化数据的高性价比存储。Spark 不仅可用于 HDFS，也可用于任何支持 Hadoop 的存储。

支持 Hadoop 的存储意味着可以使用 Hadoop 的 InputFormat 和 OutputFormat 接口的存储格式。InputFormat 负责使用输入数据创建 InputSplits 并进一步将其分割为记录。OutputFormat 负责写入存储。

我们将从写入到本地文件系统开始，接着是从 HDFS 载入数据。在从 HDFS 载入数据的教程中，我们将会介绍最通用的文件格式：普通文本文件。接着我们将会介绍如何在 Spark

中使用任意 InputFormat 接口载入数据。我们还会探索如何在 Amazon S3 这个云存储平台先锋中载入数据。我们将会探索从 Apache Cassandra 这个 NoSQL 数据库中载入数据。最后，我们将会探索从关系型数据库载入数据。

3.2 从本地文件系统加载数据

由于磁盘存储空间大小的限制以及缺少分布式特征，本地文件系统并不是存储大数据的好选择，但是在技术上来说可以在分布式系统中使用本地文件系统加载数据。不过，之后所使用到的文件或目录都必须在每个节点上都可达。

请注意，使用该功能加载端数据不是个好主意。Spark 有一个广播变量特征可用于加载端数据，我们将在接下来的章节中讨论。

本节将会关注如何从本地文件系统加载数据到 Spark。

具体步骤

让我们以莎士比亚的"to be or not to be"开始。

1. 用以下命令创建一个 words 目录。

```
$ mkdir words
```

2. 进入 words 目录。

```
$ cd words
```

3. 创建一个名为 sh.txt 的文本文件并输入"to be or not to be"。

```
$ echo "to be or not to be"> sh.txt
```

4. 进入 Spark shell。

```
$ spark-shell
```

5. 将 words 目录载入 RDD。

```
scala> val words = sc.textFile("file:///home/hduser/words")
```

6. 计算行数。

```
scala> words.count
```

7. 拆分每一行的单词。

```scala
scala> val wordsFlatMap = words.flatMap(_.split("\\W+"))
```

8. 转换单词格式为（word,1），也就是说，将 1 作为每个键出现的单词的值。

```scala
scala> val wordsMap = wordsFlatMap.map( w => (w,1))
```

9. 使用 reduceByKey 方法以单词为键进行求和（该方法适用于同一时间的两个连续的值，用 a 和 b 表示）。

```scala
scala> val wordCount = wordsMap.reduceByKey( (a,b) => (a+b))
```

10. 打印该 RDD。

```scala
scala> wordCount.collect.foreach(println)
```

11. 将上述步骤合为一步。

```scala
scala> sc.textFile("file:///home/hduser/ words"). flatMap(_.
split("\\W+")).map( w => (w,1)). reduceByKey( (a,b) => (a+b)).
foreach(println)
```

输出结果如图 3-1 所示。

```
(to,2)
(not,1)
(be,2)
(or,1)
```

图 3-1　scala 输出

3.3　从 HDFS 加载数据

HDFS 是使用最广泛的大数据存储系统。使用广泛的原因之一是格式即所读（schema-on-read），也就是说 HDFS 完全不限制写入数据的格式。任何类型的数据都行，都能以行形式存储。该特性使得它成为非结构化和半结构化行数据的理想存储。

当读取数据的时候，尤其是读取非结构化数据的时候，需要赋予一定的结构使其具有含义。Hadoop 使用 InputFormat 来定义读取数据的格式。Spark 完美支持 Hadoop 的 InputFormat，所以 Spark 可以处理任何 Hadoop 可读的格式。

默认 InputFormat 格式是 TextInputFormat。TextInputFormat 以行字节偏移

量为键，以每行的内容为值。Spark 使用 sc.textFile 方法读取 TextInputFormat，该方法会忽略掉字节偏移量并创建一个字符串 RDD。

有时，文件名本身就包含着有用的内容，例如时间序列数据，读取时间序列数据需要分别读取每个文件，sc.wholeTextFiles 方法可以做到这一点，它使用文件名和路径（例如 hdfs://localhost:9000/ user/hduser/words）作为一个 RDD 的键，用文件的内容作为值。

Spark 还支持读取各种序列化和友好的压缩格式，例如 Avro、Parquet 和使用 DataFrames 的 JSON。这些格式将在接下来的章节中提及。

在本节中，我们将会介绍如何从 HDFS 加载数据到 Spark。

3.3.1 具体步骤

让我们开始字数统计，统计每个字的出现次数。在本教程中，我们将会从 HDFS 中加载数据。

1. 使用下行命令创建一个名叫 words 的文件夹。

   ```
   $ mkdir words
   ```

2. 进入 words 目录。

   ```
   $ cd words
   ```

3. 创建一个名叫 sh.txt 的文本文件并键入内容 "to be or not to be"。

   ```
   $ echo "to be or not to be"> sh.txt
   ```

4. 打开 Spark shell。

   ```
   $ spark-shell
   ```

5. 将 words 目录载入 RDD。

   ```scala
   scala> val words = sc.textFile("hdfs://localhost:9000/
   user/hduser/words")
   ```

sc.textFile 方法还支持添加一个代表分区数的参数。默认情况下 Spark 为每个 InputSplit 类创建一个分区，大致相当于一个 block。
你可以提高分区数，在例如机器学习之类的计算集中型作业中非常有用。因为一个分区不能包含超过一个 block，所以分区数少于 block 数是不允许的。

6. 计算行数（结果为一）。

```scala
scala> words.count
```

7. 把行（或多行）分割成多个单词。

```scala
scala> val wordsFlatMap = words.flatMap(_.split("\\W+"))
```

8. 转换单词格式为（word，1），也就是说，将每个单词作为键，输出 1 作为每个单词的值。

```scala
scala> val wordsMap = wordsFlatMap.map( w => (w,1))
```

9. 使用 reduceByKey 方法以单词为键求和（本方法需要的两个连续参数，用 a 和 b 表示）。

```scala
scala> val wordCount = wordsMap.reduceByKey( (a,b) => (a+b))
```

10. 输出 RDD。

```scala
scala> wordCount.collect.foreach(println)
```

11. 将上述所有步骤合为一步。

```scala
scala> sc.textFile("hdfs://localhost:9000/user/hduser/words").
flatMap(_.split("\\W+")).map( w => (w,1)). reduceByKey( (a,b) =>
(a+b)).foreach(println)
```

输出结果如图 3-2 所示。

图 3-2　Scala 输出

3.3.2　更多内容

有时我们需要一次读取整个文件，有时文件名包含诸如时间序列之类的有用数据，有时可能需要处理多行数据作为一个记录。sparkContext.wholeTextFiles 就是为处理这些场景应运而生的。下文将会处理一个气象数据集，网址为 ftp://ftp.ncdc.noaa.gov/pub/data/noaa/。

图 3-3 展示了该数据集的一级目录。

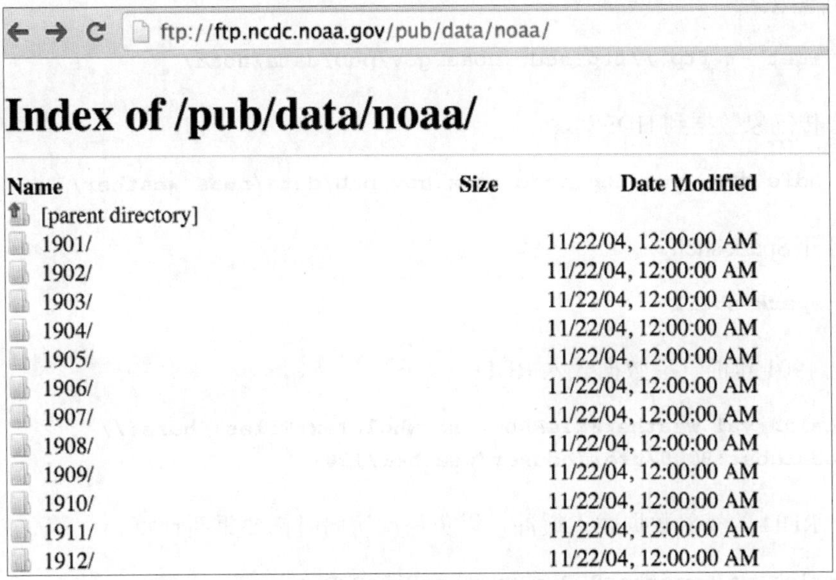

图 3-3 气象数据集一级目录

进入具体某一年的目录，图 3-4 展示了 1901 年的数据。

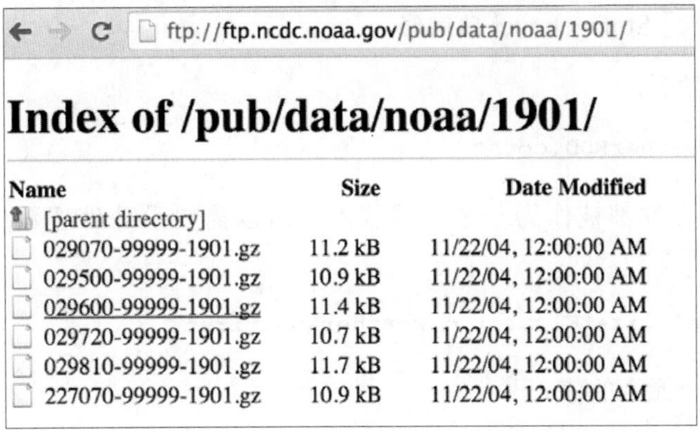

图 3-4 1901 年的气象数据

本数据集的数据分块方式使用了有用信息作为文件名，即 USAF－WBAN－年（USAF-WBAN-year）。USAF 是指美国空军站号，WBAN 是指海军气象局位置编号。

同时所有文件都是以.gz 结尾的 gzip 压缩格式。该压缩可以被自动处理，所以你需要做就是把数据上传到 HDFS 就好了。下一章仍然会使用到这个数据。

整个数据集并不大，可以上传到伪分布式模式的 HDFS 中：

1. 下载数据。

```
$ wget -r ftp://ftp.ncdc.noaa.gov/pub/data/noaa/
```

2. 上传气象数据到 HDFS。

```
$ hdfs dfs -put ftp.ncdc.noaa.gov/pub/data/noaa weather/
```

3. 打开 Spark shell。

```
$ spark-shell
```

4. 把 1901 年的气象数据载入 RDD。

```
scala> val weatherFileRDD = sc.wholeTextFiles("hdfs://
localhost:9000/user/hduser/weather/1901")
```

5. 将 RDD 的气象数据载入缓冲，以免每次访问时都要重新计算。

```
scala> val weatherRDD = weatherFileRDD.cache
```

 在 Spark 中，有各种 StorageLevels 用于持久化 RDD。rdd.cache 是 rdd.persist(MEMORY_ONLY) StorageLevel 的缩写。

6. 计算元素数目。

```
scala> weatherRDD.count
```

7. 因为整个文件都被作为一个元素载入，所以需要手动处理数据，首先载入第一个元素。

```
scala> val firstElement = weatherRDD.first
```

8. 读取第一个元素的值。

```
scala> val firstValue = firstElement._2
```

firstElement 包含了（string，string）类型的元组。元组可以由两种方式读取。

- 使用以_1 开头的位置函数。

- 使用 productElement 方法，例如 tuple.productElement(0)。和其他绝大部分方法一样，该方法的索引也从 0 开始。

9. 按行分割 firstValue：

```scala
scala> val firstVals = firstValue.split("\\n")
```

10. 计算 firstVals 里面的元素数据。

```scala
scala> firstVals.size
```

11. 文本的不同定位可以获取丰富的气象数据分隔符。更多格式相关信息可以从国家气象服务网获取。我们使用第 66 到 69 位置的"风速"作为分隔符（米/秒）。

```scala
scala> val windSpeed = firstVals.map(line =>line.substring(65,69)
```

3.4 从 HDFS 加载自定义输入格式的数据

有时需要载入一些特定格式的数据，TextInputFormat 并不适用。Spark 为此提供了两个方法。

- sparkContext.hadoopFile：它支持旧的 MaprReduce API。
- sparkContext.newAPIHadoopFile：它支持新的 MaprReduce API。

这两个方法支持所有 Hadoop 内置的 InputFormats 接口以及所有自定义的 InputFormat。

具体步骤

我们将会载入键值对格式的文本数据，并使用 KeyValueTextInputFormat 格式载入 Spark。

1. 用以下命令创建 currency 目录。

```
$ mkdir currency
```

2. 进入 currency 目录。

```
$ cd currency
```

3. 创建 na.txt 文本文件，键入以 tab 分割的货币键值对（键为国家，值为货币单位）。

```
$ vi na.txt
United States of America        US Dollar
Canada    Canadian Dollar
Mexico    Peso
```

你可以为每个大陆创建更多文件。

4. 上传 currency 文件夹到 HDFS。

```
$ hdfs dfs -put currency /user/hduser/currency
```

5. 打开 Spark shell。

```
$ spark-shell
```

6. 导入语句。

```
scala> import org.apache.hadoop.io.Text
scala> import org.apache.hadoop.mapreduce.lib.input.
KeyValueTextInputFormat
```

7. 将 currency 目录导入 RDD。

```
val currencyFile = sc.newAPIHadoopFile("hdfs://localhost:9000/
user/hduser/currency",classOf[KeyValueTextInputFormat],classOf[Tex
t],classOf[Text])
```

8. 将元组类型从（Text,Text）改为（String,String）。

```
val currencyRDD = currencyFile.map( t => (t._1.toString,t._2.toString))
```

9. 统计 RDD 中的元素数目。

```
scala> currencyRDD.count
```

10. 打印结果。

```
scala> currencyRDD.collect.foreach(println)
```

输出结果如图 3-5 所示。

```
(United States of America,US Dollar)
(Canada,Canadian Dollar)
(Mexico,Peso)
```

图 3-5　输出结果

 你可以使用该方法载入任何 Hadoop 支持的 InputFormat 接口。

3.5　从 Amazon S3 加载数据

Amazon 简单存储服务（Simple Storage Service，S3）为开发者和 IT 团队提供安全、耐

用、可扩展的存储平台。Amazon S3 最大的优势就在于不需要前期的 IT 投入，公司可以按需选择存储量（只需要按个按钮那么简单）。

尽管 Amazon S3 适用于任何计算平台，不过它与 Amazon 的云服务诸如 Amazon 弹性计算云（Elastic Compute Cloud，EC2）以及 Amazon 弹性块存储（Elastic Block Storage，EBS）等更加合作无间。因此，使用 Amazon 云服务（Amazon Web Services，AWS）的公司的最佳选择是将重要数据存储在 Amazon S3 上。

本篇教程将会介绍如何从 Amazon S3 加载数据到 Spark。

具体步骤

让我们从 AWS 网页开始。

1. 登录 `http://aws.amazon.com`。

2. 登录之后，导航到存储和内容分发 |S3| 创建存储桶（Storage & Content Delivery | S3 | Create Bucket）。

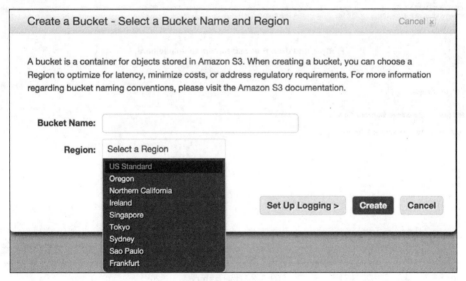

图 3-6　创建 Bucket

3. 如图 3-6 所示，输入存储桶（Bucket）名，例如 `com.infoobjects.wordcount`。请确保你键入的 Bucket 名是唯一的（全局的任意两个 S3 存储桶都不能重名）。

4. 选择地区（Region），点击创建（Create），然后点击你创建的存储桶（Bucket）名，你就会看到图 3-7 所示的页面。

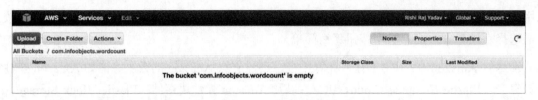

图 3-7 Bucket 详情

5. 点击创建文件夹（Create Folder），并输入目录名称。

6. 在本地创建 sh.txt 文本文件。

```
$ echo "to be or not to be"> sh.txt
```

7. 导航到 Words |上传| 添加文件（Words | Upload | Add Files），从对话框中选择 sh.txt，如图 3-8 所示。

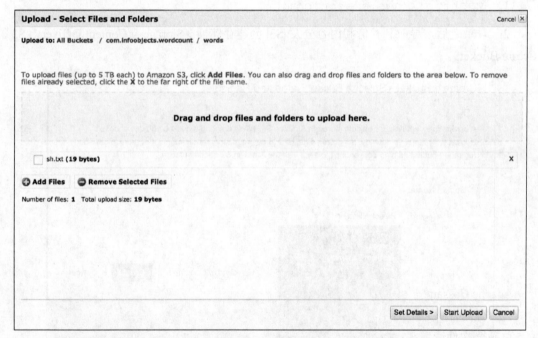

图 3-8 选择 sh.txt

8. 点击开始上传（Start Upload），之后开始上传。

9. 选择 sh.txt 并点击属性（Properties），该文件的详细信息如图 3-9 所示。

10. 设置环境变量 AWS_ACCESS_KEY 和 AWS_SECRET_ACCESS_KEY。

11. 打开 Spark shell，将 words 目录从 s3 载入到 RDD 中。

图 3-9 sh.txt 详细信息

```scala
scala> val words = sc.textFile("s3n://com.infoobjects.wordcount/words")
```

现在 RDD 已载入完成，可以继续进行 RDD 上的常规变换（transformations）和行动（actions）了。

> 有时人们会混淆 s3://和 s3n://。
> s3n://是指坐落在 S3 bucket 上的一个可以从外部进行读写的普通文件。文件大小限制在 5 GB 以内。
> s3://是指坐落在 S3 bucket 上的 HDFS 文件。它是一个基于块存储的文件系统。该文件系统需要一个 bucket，并且没有大小限制。

3.6 从 Apache Cassandra 加载数据

Apache Cassandra 是一个无主环簇结构的 NoSQL 数据库。经过 HDFS 非常适合流式数据访问，但是却并不适合随机访问。例如，HDFS 非常适合处理平均文件大小在 100 MB 并且总是全文件读取的情况。但是，如果你经常访问一个文件的某一行或者其他部分，HDFS 就会变得非常慢。

关系型数据库是一个传统的解决方案，它提供低延迟的随机访问，不过却并不适合大数据。诸如 Cassandra 这样的 NoSQL 数据库在商用服务领域填补了关系型数据库和分布式结构之间的空白。

本节我们将会从 Cassandra 中加载数据到 Spark RDD，开发 Cassandra 的公司 Datastax

贡献了 `spark-cassandra-connector` 来实现这一点。该连接器让你可以加载 Cassandra 表到 Spark RDD，将 Spark RDD 写回到 Cassandra，以及执行 CQL 查询。

3.6.1 具体步骤

下列步骤可以从 Cassandra 中加载数据。

1. 使用 CQL shell 在 Cassandra 中创建一个名为 `people` 的 keyspace。

```
cqlsh> CREATE KEYSPACE people WITH replication = {'class':
'SimpleStrategy', 'replication_factor': 1 };
```

2. 在最新版本的 Cassandra 中创建一个名为 person 的列族（从 CQL 3.0 开始，也可以称为表）。

```
cqlsh> create columnfamily person(id int primary key,first_name
varchar,last_name varchar);
```

3. 往列族中插入少量数据。

```
cqlsh> insert into person(id,first_name,last_name)
values(1,'Barack','Obama');
cqlsh> insert into person(id,first_name,last_name)
values(2,'Joe','Smith');
```

4. 在 SBT 中写入 Cassandra 连接依赖。

```
"com.datastax.spark" %% "spark-cassandra-connector" % 1.2.0
```

5. 也可以将 Cassandra 依赖写入 Maven。

```
<dependency>
  <groupId>com.datastax.spark</groupId>
  <artifactId>spark-cassandra-connector_2.10</artifactId>
  <version>1.2.0</version>
</dependency>
```

或者你也可以直接使用 Spark shell 下载 `spark-cassandra-connector` JAR 包。

```
$ wget http://central.maven.org/maven2/com/datastax/spark/spark-
cassandra-connector_2.10/1.1.0/spark-cassandra-connector_2.10-
1.2.0.jar
```

 如果你想要通过所有的依赖构建超级 JAR 包，可以参考更多内容那一节。

6. 打开 Spark shell。

7. 在 Spark shell 中配置 `spark.cassandra.connection.host`。

```scala
scala> sc.getConf.set("spark.cassandra.connection.host","localhost")
```

8. 导入 Cassandra-specific 库。

```scala
scala> import com.datastax.spark.connector._
```

9. 将 `person` 列族载入到 RDD。

```scala
scala> val personRDD = sc.cassandraTable("people","person")
```

10. 计算 RDD 中的记录条数。

```scala
scala> personRDD.count
```

11. 打印出 RDD 中的数据。

```scala
scala> personRDD.collect.foreach(println)
```

12. 取出第一行。

```scala
scala> val firstRow = personRDD.first
```

13. 获取列名。

```scala
scala> firstRow.columnNames
```

14. Cassandra 也可以通过 Spark SQL 连接。有一个叫作 `CassandraSQLContext` 的包封装了 `SQLContext`。加载方式如下。

```scala
scala> val cc = new org.apache.spark.sql.cassandra.
CassandraSQLContext(sc)
```

15. 载入 `person` 数据作为 SchemaRDD。

```scala
scala> val p = cc.sql("select * from people.person")
```

16. 取得 `person` 数据。

```scala
scala> p.collect.foreach(println)
```

3.6.2　更多内容

Spark Cassandra 连接器库有许多依赖。连接器本身以及一系列的依赖都是 Spark 的第三方类库，并不随着 Spark 一起安装。

这些依赖需要在运行时为驱动程序和执行程序准备好。方法之一是捆绑所有依赖，但这是一个费力又容易出错的过程。推荐的方法是将所有的依赖与连接器库捆绑在一起。这就会产生一个庞大的 JAR 包，俗称超级 JAR 包。

SBT 提供的 `sbt-assenbly` 插件似的创建超级 JAR 包变的非常容易。下列步骤就是介绍如何创建一个 `spark-cassandra-connector` 的超级 JAR 包。下列步骤非常的通用，你可以依葫芦画瓢创建任何一种超级 JAR 包。

1. 创建一个名为 `uber`（意为超级）的文件夹。

   ```
   $ mkdir uber
   ```

2. 进入 `uber` 目录。

   ```
   $ cd uber
   ```

3. 打开 SBT 提示符。

   ```
   $ sbt
   ```

4. 将项目命名为 `sc-uber`。

   ```
   > set name := "sc-uber"
   ```

5. 保存会话（session）。

   ```
   > session save
   ```

6. 退出会话（session）。

   ```
   > exit
   ```

这将会在 `uber` 目录下创建 `build.sbt`、项目以及目标目录，如图 3-10 所示。

```
hduser@localhost:~/uber$ ls
build.sbt  project  target
```

图 3-10　uber 目录结构

7. 在 `build.sbt` 中的最后一行添加 `spark-cassandra-driver` 依赖，与前文隔一个空行，如图 3-11 所示。

   ```
   $ vibuid.sbt
   ```

```
name := "sc-uber"

libraryDependencies += "com.datastax.spark" %% "spark-cassandra-connector" % "1.1.0"
```

图 3-11 添加依赖

8. 默认使用 MergeStrategy.first。除此之外还有其他一些文件。例如 manifest.mf 包括每一个 JAR 捆绑的元数据；MergeStrategy.discard 可以让我们很简单的丢弃它们。图 3-12 即添加了 assemblyMergeStrategy 的 build.sbt 截图。

```
name := "sc-uber"

libraryDependencies += "com.datastax.spark" %% "spark-cassandra-connector" % "1.1.0"

assemblyMergeStrategy in assembly := {
 case PathList("META-INF", xs @ _*) =>
   (xs map {_.toLowerCase}) match {
     case ("manifest.mf" :: Nil) | ("index.list" :: Nil) | ("dependencies" :: Nil) => MergeStrategy.discard
     case _ => MergeStrategy.discard
   }
 case _ => MergeStrategy.first
}
```

图 3-12 build.sbt 截图

9. 现在在项目目录中创建 plugins.sbt 并键入以下内容，添加 sbt-assembly 插件。

addSbtPlugin("com.eed3si9n" % "sbt-assembly" % "0.12.0")

10. 现在可以构建（通过 assembly）一个 JAR 包了。

$ sbt assembly

超级 JAR 包已经在 target/scala-2.10/sc-uber-assembly-0.1-SNAPSHOT.jar 目录位置创建好了。

11. 将该 JAR 包复制到你存放第三方库的合适的位置，例如 /home/hduser/thirdparty，并重命名一个简单的名字（除非你真的很喜欢冗长的名字）。

$ mv thirdparty/sc-uber-assembly-0.1-SNAPSHOT.jar thirdparty/sc-uber.jar

12. 使用-- jars 命令载入超级 JAR 包到 Spark shell 中。

$ spark-shell --jars thirdparty/sc-uber.jar

13. 如果要提交 Scala 代码到集群中，可以使用 spark-submit，后缀参数是同样的 jars。

$ spark-submit --jars thirdparty/sc-uber.jar

sbt-assembly 中的合并策略

如果有多个 JAR 包都拥有相同的名称和相对路径的话，sbt-assembly 插件的默认合并策略是验证这些文件是否是相同的，否则就报错。该策略被称为 MergeStrategy. deduplicate。

表 3-1 列出了 sbt-assembly 插件的可用合并策略。

表 3-1   sbt-assembly 插件的可用合并策略

策略名	描述
MergeStrategy.deduplicate	默认策略
MergeStrategy.first	根据类路径选择第一个文件
MergeStrategy.last	根据类路径选择最后一个文件
MergeStrategy.singleOrError	不输出错误（不考虑合并冲突）
MergeStrategy.concat	串联所有匹配的文件
MergeStrategy.filterDistinctLines	串联所有的重复文件
MergeStrategy.rename	重命名文件

3.7 从关系型数据库加载数据

Spark 需要查询的很多重要数据是存储在关系型数据库中的。JdbcRDD 是一个允许关系型表格加载到 RDD 中的 Spark 特性。本节将会介绍如何使用 JdbcRDD。

下一章将会介绍 Spark SQL，包括从 JDBC 来的数据源。那比本节介绍的方法更适合处理 DataFrames（将在下一章介绍）的返回数据，它可以很容易地使用 Spark SQL 进行处理，也可以与其他数据源做 join。

3.7.1 准备工作

请确保 JDBC 驱动程序 JAR 包已经在执行程序将会运行的客户端节点和所有从节点上安装好了。

3.7.2 具体步骤

下述步骤介绍如何从关系型数据库中加载数据。

1. 使用下面的 DDL 语句在 MySQL 中创建一个名为 person 的表格。

```
CREATE TABLE 'person' (
  'person_id' int(11) NOT NULL AUTO_INCREMENT,
  'first_name' varchar(30) DEFAULT NULL,
  'last_name' varchar(30) DEFAULT NULL,
  'gender' char(1) DEFAULT NULL,
  PRIMARY KEY ('person_id');
)
```

2. 插入一些数据。

```
Insert into person values('Barack','Obama','M');
Insert into person values('Bill','Clinton','M');
Insert into person values('Hillary','Clinton','F');
```

3. 从 http://dev. mysql.com/downloads/connector/j/下载 mysql-connector-java-x.x.xx-bin.jar。

4. 在 Spark shell 中加载 MySQL 驱动。

```
$ spark-shell --jars /path-to-mysql-jar/mysql-connector-java-
5.1.29-bin.jar
```

 请注意 path-to-mysql-jar 并不是一个实际的目录名称。你需要使用实际的目录名称替代它。

5. 创建用户名（username）、密码（password）以及 JDBC URL 变量。

```
scala> val url="jdbc:mysql://localhost:3306/hadoopdb"
scala> val username = "hduser"
scala> val password = "******"
```

6. 导入 JdbcRDD。

```
scala> import org.apache.spark.rdd.JdbcRDD
```

7. 导入 JDBC 相关类。

```
scala> import java.sql.{Connection, DriverManager, ResultSet}
```

8. 创建 JDBC 驱动的一个实例。

```
scala> Class.forName("com.mysql.jdbc.Driver").newInstance
```

9. 加载 JdbcRDD。

```
scala> val myRDD = new JdbcRDD( sc, () =>
DriverManager.getConnection(url,username,password) ,
"select first_name,last_name,gender from person limit ?, ?",
1, 5, 2, r => r.getString("last_name") + ", " +
r.getString("first_name"))
```

10. 现在查询结果。

```
scala> myRDD.count
scala> myRDD.foreach(println)
```

11. 将 RDD 的数据保存到 HDFS。

```
scala> myRDD.saveAsTextFile("hdfs://localhost:9000/user/hduser/person")
```

3.7.3 工作原理

JdbcRDD 是执行 JDBC 连接上的 SQL 查询以及返回结果的一个 RDD。以下是一个 JdbcRDD 的构造。

```
JdbcRDD(SparkContext, getConnection: () =>Connection,
sql: String, lowerBound: Long, upperBound: Long,
numPartitions: Int, mapRow: (ResultSet) => T =
 JdbcRDD.resultSetToObjectArray)
```

两个 " ？ " 是用于绑定 JdbcRDD 内部准备好的参数变量的。第一个 " ？ " 代表偏移量（下限，lower bound），也就是说我们该从哪一行开始计算。第二个 " ？ " 代表限制（上限，upper bound），也就是说我们需要读多少行。

JdbcRDD 是在特定基础设施上直接从关系型数据库加载数据到 Spark 的好方法。如果你想要从关系型数据库管理系统（RDBMS）中批量加载数据，有一些更好的选择，比如 Apache Sqoop，它是一个从关系型数据库到 HDFS 导入导出数据的强有力工具。

第 4 章
Spark SQL

Spark SQL 是 Spark 中处理结构化数据的模块。本章包含以下内容。

- 理解 Catalyst 优化器。

- 创建 HiveContext。

- 使用 case 类生成数据格式。

- 编程指定数据格式。

- 使用 Parquet 格式载入及存储数据。

- 使用 JSON 格式载入及存储数据。

- 从关系型数据库载入及存储数据。

- 从任意数据源载入及存储数据。

4.1　简介

Spark 可以处理诸如 HDFS、Cassandra、HBase 以及关系型数据库等各种数据源。大数据框架（与关系型数据库不同）不强制写入格式，HDFS 就是一个可以在写阶段接收任意文件的完美例子。不过，读取数据就不同了。你需要给那些甚至是完全非结构化的数据以一定的结构，使得数据具有意义。SQL 非常便于分析这种结构化处理过的数据。

Spark SQL 是 Spark 生态系统的相对较新的组件，在 Spark 1.0 中首次引入。它集成了一个名叫 Shark 的项目，是一个在 Spark 上运行 Hive 的尝试项目。

如图 4-1 所示，Hive 本质上是一种关系型抽象，它将 SQL 查询转换为 MapReduce 作业。

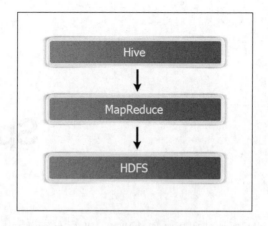

图 4-1　Hive 结构抽象图

如图 4-2 所示，Shark 替代了 Spark 中的 MapReduce 部分同时保留了大部分的代码库。

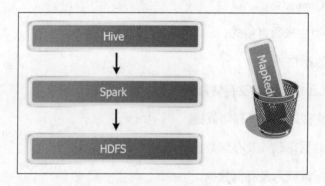

图 4-2　Spark 替代 MapReduce

最开始 Shark 工作得很好。但很快，Spark 的开发者们就遇到了拦路虎，他们没办法进一步优化它了。最后，他们决定从头开始编写 SQL 引擎，于是 Spark SQL 从此诞生。

Spark SQL 考虑到了所有的性能挑战，不过它还得支持 Hive，因此我们在 SQLContext 的基础上创建了一个叫 HiveContext 的新的封装包。

Spark SQL 支持使用标准 SQL 查询和 HiveQL（Hive 所使用的类 SQL 查询语言）来读写数据。本章我们将会探索 Spark SQL 的不同特性。Spark SQL 支持 HiveQL 的子集以及 SQL 92 的子集，可以与 SQL / HiveQL 查询一起执行，或者替换已有的 Hive 部署（如图 4-3 所示）。

运行 SQL 只是创建 Spark SQL 的原因之一，另外一大原因是它有助于更快地创建和运行 Spark 程序。它可以让开发人员写更少的代码，读取更少的数据，让 catalyst 优化器做其余所有繁重的事情。

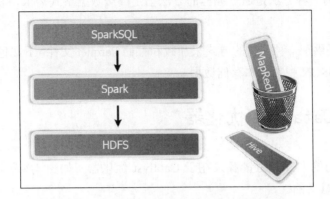

图 4-3 SparkSQL 替代 Hive

Spark SQL 使用一个叫作 DataFrame 的编程抽象。它是以列（column）命名的分布式组织数据集合。DataFrame 等同于数据库的表，但是提供更精细的优化方式。DataFrame API 也确保了 Spark 在不同编程语言上的一致性表现。

让我们对比一下 DataFrame 和 RDD。RDD 是对象的不透明集合，它不知道底层数据的格式。与此相反，DataFrame 带有相关数据格式，可以把 DataFrame 看作带有数据格式的 RDD。事实上，直到 Spark 1.2 版本还存在着一个叫 SchemaRDD 的神器，正是它演变成了如今的 DataFrame，提供了比 SchemaRDD 更丰富的功能。

有了数据格式的额外信息，许多优化方式才成为了可能，否则一切免谈。

DataFrame 也可以从各种数据源载入数据，例如 Hive 表、Parquet 文件、JSON 文件和使用 JDBC 连接的外部数据库。也可以把 DataFrame 看作行对象的 RDD，允许用户调用例如 map 的 Spark API 程序。

DataFrame API 可以在 Spark 1.4 及以上版本的 Scala、Java、Python、R 上执行。

用户可以使用特定域语言（Domain-Specific Language, DSL）执行关系型运算。DataFrame 支持所有通用关系型运算，它在受限的 DSL 上让 Spark 捕捉并运行表达式。

以 SQLContext 作为学习 Spark SQL 的切入点，我们还将会介绍 HiveContext，即一个支持 Hive 功能的 SQLContext 封装。要注意的是 HiveContext 更久经考验而且提供能丰富的功能，所以就算你不打算连接 Hive，也建议使用它。SQLContext 将会逐渐拥有和 HiveContext 同样多的功能。

有两种语言可以通过关联 RDD 和相关数据格式来创建 DataFrame。简单的方法是利用

Scala 的 case 类，我们会首先介绍该方法。该方法中 Spark 使用 Java 反射机制从 case 类中推断数据格式。另一种方法是通过编程的方法指定高级数据格式需求，我们也将在下文中介绍。

Spark SQL 提供了一种简单的方式来加载和存储 Parquet 文件，下文也将讲解到。最后，我们将会讲解从 JSON 中加载和存储数据。

4.2 理解 Catalyst 优化器

Spark SQL 的绝大部分力量源泉在于 Catalyst 优化器（如图 4-4 所示），所以花些时间了解它是很有意义的。

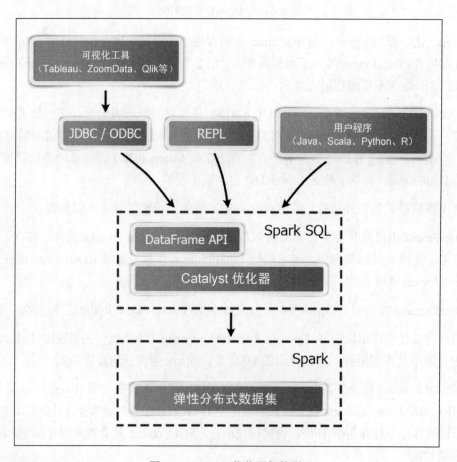

图 4-4　Catalyst 优化器架构图

工作原理

Catalyst 优化器主要受 Scala 函数编程结构（例如模式匹配）的影响。它提供一个变换树形通用框架来进行分析、优化、方案生成和运行时代码生成。

Catalyst 优化器有两个主要目的。

- 简化增加优化技术的过程。
- 使得外部开发人员能够扩展优化器。

Spark SQL 用以下 4 步运行 Catalyst 变换框架。

- 分析逻辑计划以解析引用。
- 逻辑方案优化。
- 物理规划。
- 生成将 SQL 查询编译为 Java 字节码的代码。

1. 分析

分析阶段包括查看 SQL 查询或 DataFrame，创建出一个待解析（列可能不存在或者可能是错误的数据类型）的逻辑方案，然后使用 Catelog 对象（与物理数据源相连）解析该方案，并创建一个已解析的逻辑方案，如图 4-5 所示。

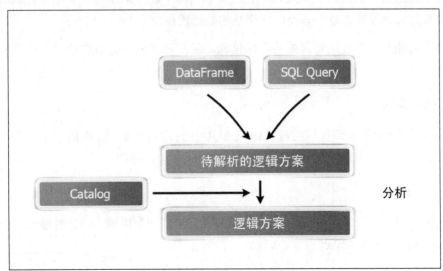

图 4-5　Catalyst 优化器分析阶段

2．逻辑方案优化

如图 4-6 所示，逻辑方案优化阶段提供基于标准规则的优化。包括常量折叠、谓词下推、投影修建、空值传播、布尔表达式简化以及其他规则。

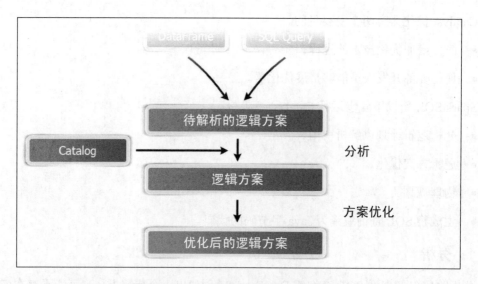

图 4-6　Catalyst 优化器逻辑方案优化阶段

请特别注意这里的谓词下推规则。它的概念很简单，如果你在一个地方查询另一个地方的大量数据，会导致大量不必要的网络端的数据迁移。

如果我们能够下推查询到数据的存储位置，从而过滤掉不必要的数据，这将显著减少网络传输流量。

3．物理规划

如图 4-7 所示，在物理规划阶段，Spark SQL 执行逻辑方案，并生成一个或多个物理方案。然后它度量每个物理方案的成本并基于此生成一个物理方案。

4．代码生成

查询优化的最后阶段是生成 Java 字节码并运行在每一个机器上，它通过使用一个特别的叫作 Quasi quotes 的 Scala 特性来实现。

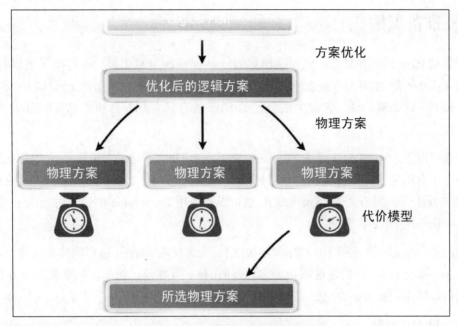

图 4-7　Catalyst 优化器物理规划阶段

4.3　创建 HiveContext

SQLContext 和它的继承者 HiveContext 是进入 Spark SQL 世界的两个入口。HiveContext 提供 SQLContext 所有功能的超集，附加功能如下所示。

- 更完善的经过实战检验的 HiveQL 解析器。
- 连接 Hive UDF 的接口。
- 从 Hive 表读取数据的能力。

从 Spark 1.3 开始，Spark shell 预装了 sqlContext（是 HiveContext 的实例，不是 SQLContext 的）。如果你在 Scala 代码中使用 SQLContext，现在你可以使用 SparkContext 创建了，创建方法如下。

```
val sc: SparkContext
val sqlContext = new org.apache.spark.sql.SQLContext(sc)
```

本节将会介绍如何创建 HiveContext 的实例，以及通过 Spark SQL 使用 Hive 的诸多功能。

4.3.1　准备工作

要启动 Hive 的诸多功能，先要确保你的每个 worker 节点上都已经启动了集成 Hive 的 JAR 包（-Phive），并将 `hive-site.xml` 复制到 Spark 安装目录下的 conf 文件夹下。这点很重要，不这么做的话，它会生成自己的 Hive 源存储，而不会和你已有的 Hive 仓库相连接。

默认情况下，Spark SQL 创建的所有表格都是由 Hive 管理的。也就是说，Hive 拥有该表的整个生命周期的完全控制权，包括删除权（使用 `drop table` 指令将表的元数据删除掉）。这些权限仅针对持久表。Spark SQL 也可以不使用 DataFrame 创建临时表用于写查询，这些临时表不由 Hive 管理。

请注意，Spark 1.4 支持 Hive 版本为 0.13.1。当你使用 Maven 进行构建的时候，可以使用-Phive-<version>构建选项指定你想要的 Hive 版本号。例如，如果你想要 0.12.0 的话，就可以使用-Phive-0.12.0。

4.3.2　具体步骤

1. 开启 Spark shell 并给它一些额外的内存。

   ```
   $ spark-shell --driver-memory 1G
   ```

2. 创建一个 HiveContext 的实例。

   ```
   scala> val hc = new org.apache.spark.sql.hive.HiveContext(sc)
   ```

3. 创建一张名为 Person 的表，列分别为名（first_name）、姓（last_name）和年龄（age）。

   ```
   scala> hc.sql("create table if not exists person(first_name
   string, last_name string, age int) row format delimited fields
   terminated by ','")
   ```

4. 打开另一个 shell 并用本地文件保存一些 Person 的数据。

   ```
   $ mkdir person
   $ echo "Barack,Obama,53" >> person/person.txt
   $ echo "George,Bush,68" >> person/person.txt
   $ echo "Bill,Clinton,68" >> person/person.txt
   ```

5. 将数据导入 Person 表。

```
scala> hc.sql("load data local inpath \"/home/hduser/person\" into
table person")
```

6. 或者从 HDFS 中导入数据到 Person 表。

```
scala> hc.sql("load data inpath \"/user/hduser/person\" into table
person")
```

 请注意，"load data inpath" 将数据从另一个 HDFS 的位置移动到 Hive 仓库的目录，默认为 /user/hive/warehouse。你也可以指定一个完整目录，例如 hdfs://localhost:9000/user/hduser/person。

7. 通过 HiveQL 查询 Person 表的数据。

```
scala> val persons = hc.sql("from person select first_name,last_
name,age")
scala> persons.collect.foreach(println)
```

8. 使用 select 查询的结果创建一张新表。

```
scala> hc.sql("create table person2 as select first_name, last_
name from person;")
```

9. 也可以直接进行表与表之间的复制。

```
scala> hc.sql("create table person2 like person location'/user/
hive/warehouse/person'")
```

10. 创建两张名为 people_by_last_name 和 people_by_age 的表用于计数。

```
scala> hc.sql("create table people_by_last_name(last_name
string,count int)")
scala> hc.sql("create table people_by_age(age int,count int)")
```

11. 也可以使用 HiveQL 查询语句将数据插入多张表格。

```
scala> hc.sql("""from person
  insert overwrite table people_by_last_name
    select last_name, count(distinct first_name)
    group by last_name
insert overwrite table people_by_age
```

```
select age, count(distinct first_name)
group by age; """)
```

4.4　使用 case 类生成数据格式

Case 类是 Scala 中的特殊类，提供构造器（constructor）、getter（accessor）、equals、hashCode 方法以及 Serializable 接口的模板实现。Case 类可以非常方便的实现类的封装。熟悉 Java 的读者们可以类比简单 Java 对象（Plain Old Java Objects，POJOs）或者 Java bean。

Case 类的美妙之处在于 Java 开发必须的所有繁重工作都可以通过 Case 类用一行代码解决。Spark 使用 Case 类的反射机制生成数据格式。

具体步骤

1. 开启 Spark shell 并给它一些额外的内存。

    ```
    $ spark-shell --driver-memory 1G
    ```

2. 导入隐式转换。

    ```
    scala> import sqlContext.implicits._
    ```

3. 创建一个 Person Case 类。

    ```
    scala> case class Person(first_name:String,last_name:String,age:Int)
    ```

4. 在另一个 shell 中，在 HDFS 中保存一些样本数据。

    ```
    $ mkdir person
    $ echo "Barack,Obama,53" >> person/person.txt
    $ echo "George,Bush,68" >> person/person.txt
    $ echo "Bill,Clinton,68" >> person/person.txt
    $ hdfs dfs -put person person
    ```

5. 将 person 目录载入 RDD。

    ```
    scala> val p = sc.textFile("hdfs://localhost:9000/user/hduser/ person")
    ```

6. 使用逗号作为分隔符将每行分割为一个字符串数组。

    ```
    val pmap = p.map( line => line.split(","))
    ```

7. 将字符串数组的 RDD 转换为 Person Case 类的 RDD。

```scala
scala> val personRDD = pmap.map( p => Person(p(0),p(1),p(2).toInt))
```

8. 将 `personRDD` 转换为名为 `personDF` 的 DataFrame。

```scala
scala> val personDF = personRDD.toDF
```

9. 将 `personDF` 记为一张表格。

```scala
scala> personDF.registerTempTable("person")
```

10. 在该表格上运行 SQL 查询。

```scala
scala> val people = sql("select * from person")
```

11. 得到 `Person` 的输出。

```scala
scala> people.collect.foreach(println)
```

4.5 编程指定数据格式

在少数情况下，Case 类可能无法正常工作。一种情况是 Case 类不能处理超过 22 个字段的情况，另一种情况是没有事先知道数据格式。这时的处理方法是将数据以行对象的形式载入到 RDD 中，而数据格式由 `StructType`（代表一张表）和 `StructField`（代表一个字段）对象单独创建。数据格式被应用到行 RDD 中创建出一个 DataFrame。

4.5.1 具体步骤

1. 开启 Spark shell 并给它一些额外的内存。

```
$ spark-shell --driver-memory 1G
```

2. 导入隐式转换。

```scala
scala> import sqlContext.implicit._
```

3. 导入 Spark SQL 数据类型以及行对象。

```scala
scala> import org.apache.spark.sql._
scala> import org.apache.spark.sql.types._
```

4. 在另一个 shell 中，在 HDFS 中保存一些样本数据。

```
$ mkdir person
$ echo "Barack,Obama,53" >> person/person.txt
$ echo "George,Bush,68" >> person/person.txt
$ echo "Bill,Clinton,68" >> person/person.txt
$ hdfs dfs -put person person
```

5. 将 person 数据导入 RDD。

```
scala> val p = sc.textFile("hdfs://localhost:9000/user/hduser/
person")
```

6. 使用逗号作为分隔符将每行分割为一个字符串数组。

```
scala> val pmap = p.map( line => line.split(","))
```

7. 将字符串数组的 RDD 转换为 Person Case 类的 RDD。

```
scala> val personData = pmap.map( p => Row(p(0),p(1),p(2).toInt))
```

8. 使用 StructType 和 StructField 对象创建数据格式。StructField 对象需要的参数格式为参数名称、参数类型和 nullability。

```
scala> val schema = StructType(
    Array(StructField("first_name",StringType,true),
StructField("last_name",StringType,true),
StructField("age",IntegerType,true)
))
```

9. 应用该数据格式以创建名为 personDF 的 DataFrame。

```
scala> val personDF = sqlContext.createDataFrame(personData,schema)
```

10. 将 personDF 记为一张表格。

```
scala> personDF.registerTempTable("person")
```

11. 在该表格上运行 SQL 查询。

```
scala> val persons = sql("select * from person")
```

12. 得到 person 的输出。

```
scala> persons.collect.foreach(println)
```

在本节中，我们学习了如何通过编程指定数据结构的方式创建 DataFrame。

4.5.2　工作原理

一个 `StructType` 对象定义了数据结构。你可以把它类比为现实世界的一张表格或者一行数据。`StructType` 需要一个类行为 `StructField` 对象的数组，如下所示。

```
StructType(fields: Array[StructField])
```

一个有着如下结构的 `StructField` 对象。

```
StructField(name: String, dataType: DataType, nullable: Boolean =
true, metadata: Metadata = Metadata.empty)
```

使用到的相关参数的更多信息如下所示。

- `name`：该参数代表字段名。

- `dataType`：该参数代表字段的数据类型。

- `nullable`：该参数代表该字段能否为空。

- `metadata`：该参数代表该字段的源数据。`Metadata` 是 `Map[String,Any]` 类型的封装，所以可以包含任意类型的源数据。

数据类型如表 4-1 所示。

表 4-1　　　　　　　　　　　　StructField 参数的数据类型

IntegerType	FloatType
BooleanType	ShortType
LongType	ByteType
DoubleType	StringType

4.6　使用 Parquet 格式载入及存储数据

Apache Parquet 是一个列数据存储格式，为大数据存储和处理特别定制。Parquet 是基于 Google 的 Dremel 论文的碎片化记录和组装算法的基础之上的。在 Parquet 格式中，每一列数据是连续存储的。

列存储赋予了 Parquet 一些独有的优势。比如如果你有一张 100 列的表格，你只经常访问其中 10 列，在行格式存储中，因为粒度是行级别的，所以你每次都得加载全部的 100 列。

但是在 Parquet 中，你只需要加载用到的那 10 列。另一个好处是同一列的所有数据都被定义为同一数据类型，压缩效率要高得多。

4.6.1　具体步骤

1. 打开终端，创建本地文件并写入 person 数据。

```
$ mkdir person
$ echo "Barack,Obama,53" >> person/person.txt
$ echo "George,Bush,68" >> person/person.txt
$ echo "Bill,Clinton,68" >> person/person.txt
```

2. 上传 person 目录到 HDFS 中。

```
$ hdfs dfs -put person /user/hduser/person
```

3. 开启 Spark shell 并给它一些额外的内存。

```
$ spark-shell --driver-memory 1G
```

4. 导入隐式转换。

```
scala> import sqlContext.implicits._
```

5. 创建 Person 的 case 类。

```
scala> case class Person(firstName: String, lastName: String, age:Int)
```

6. 从 HDFS 加载 person 目录并与 Person case 类相连。

```
scala> val personRDD = sc.textFile("hdfs://localhost:9000/user/
hduser/person").map(_.split("\t")).map(p => Person(p(0),p(1),p(2).
toInt))
```

7. 将 personRDD 转换为 person DataFrame。

```
scala> val person = personRDD.toDF
```

8. 将 person DataFrame 记为一张临时表，这样就能在 SQL 查询中使用它了。请注意 DataFrame 的名字不必与表名相同。

```
scala> person.registerTempTable("person")
```

9. 选择所有年龄大于 60 岁的人。

```
scala> val sixtyPlus = sql("select * from person where age > 60")
```

10. 打印结果。

```scala
scala> sixtyPlus.collect.foreach(println)
```

11. 将 60 岁以上（`sixtyPlus`）的人的数据所在的 RDD 以 Parquet 格式保存。

```scala
scala> sixtyPlus.saveAsParquetFile("hdfs://localhost:9000/user/
hduser/sp.parquet")
```

12. 上一步在 HDFS 根目录创建了一个叫 `sp.parquet` 的目录。你可以在另一个 shell 中使用 `hdfs dfs -ls` 命令查看以确保它被创建了。

```
$ hdfs dfs -ls sp.parquet
```

13. 在 Spark shell 中载入 Parquet 文件。

```scala
scala> val parquetDF = sqlContext.load("hdfs://localhost:9000/
user/hduser/sp.parquet")
```

14. 将载入的 `parquet` DF 记为临时表。

```scala
scala> parquetDF.registerTempTable("sixty_plus")
```

15. 查询该临时表。

```scala
scala> sql("select * from sixty_plus")
```

4.6.2　工作原理

让我们花些时间更深入地理解 Parquet 格式。表 4-2 是一些按照表格格式呈现的样本数据。

表 4-2　　　　　　　　　　　　　　打印结果

First_Name	Last_Name	Age
Barack	Obama	53
George	Bush	68
Bill	Clinton	68

在行格式中，数据将会以表 4-3 的格式存储。

表 4-3　　　　　　　　　　　　　　行式存储

Barack	Obama	53	George	Bush	68	Bill	Clinton	68

在列格式中，数据将会以表 4-4 的格式存储。

表 4-4　　　　　　　　　　　　　　列式存储

行组=>	Barack	George	Bill	Obama	Bush	Clinton	53	68	68
	列块			列块			列块		

两者的区别主要在于：

- 行组（Row group）：将数据水平分割为多行，一个行组由多个列块（column chunks）组成。

- 列块（Column chunks）：一个列块包含一个行组的特定列的数据。一个列块通常是物理连续的。一个行组的每一列只有一个列块。

- 页（Page）：一个列块被分为多页。每页是一个不可分割的存储单元。页被写回到列块中。页中的数据可以被压缩。

如果在 Hive 表中已经有数据了，例如 person 表，可以通过如下步骤直接保存为 Parquet 格式。

1. 创建一个带格式的表，名为 person_parquet，内容和 person 表一样，但是存储格式为 Parquet（请使用 Hive 0.13 及以后版本）。

```
hive> create table person_parquet like person stored as parquet
```

2. 将数据从 person 导出，并插入到 person_parquet 表。

```
hive> insert overwrite table person_parquet select * from person;
```

>
> 有时，当数据从其他源导出时会将字符串以二进制格式存储，例如 Impala。当读取数据时，通过以下设置将数据转换回字符串。
>
> ```
> scala> sqlContext.setConf("spark.sql.parquet.binaryAsString","true")
> ```

4.6.3　更多内容

如果你使用的是 Spark 1.4 或更新版本，有一个 Parquet 数据读写的新接口。在写数据到 Parquet 时（重写第 11 步），让我们把 sixtyPlus RDD 存为 Parquet 格式（RDD 隐式转换为 DataFrame）。

```scala
scala> sixtyPlus.write.parquet("hdfs://localhost:9000/user/hduser/
sp.parquet")
```

而从 Parquet 中读取数据（重写第 13 步，输出是 DataFrame），则可以从 Spark shell 中加载 Parquet 文件的内容。

```scala
scala> val parquetDF = sqlContext.read.parquet("hdfs://
localhost:9000/user/hduser/sp.parquet")
```

4.7　使用 JSON 格式载入及存储数据

JSON 是一个轻量级的数据交换格式，基于 JavaScript 编程语言的一个子集。JSON 的流行直接导致了 XML 的日渐萎靡。XML 是一个很棒的以纯文本格式提供数据结构的解决方案。不过随着时间的推移，XML 文档变得越来越重、越来越不划算了。

JSON 提供最小开支的接口解决了这个问题。有人戏称 JSON 为脱脂的 XML。

JSON 语法符合以下规则。

- 数据以键值对格式存储。

```
"firstName" : "Bill"
```

- JSON 有 4 种数据类型。

  - 字符串（String）("firstName" : "Barack")

  - 数字（Number）("age" : 53)

  - 布尔值（Boolean）("alive": true)

  - 空（null）("manager" : null)

- 数据由逗号分割。

- 花括号 { } 代表一个对象。

```
{ "firstName" : "Bill", "lastName": "Clinton", "age": 68 }
```

- 方括号 [ ] 代表一个数组。

```
[{ "firstName" : "Bill", "lastName": "Clinton", "age": 68
},{"firstName": "Barack","lastName": "Obama", "age": 43}]
```

在本节中，我们将会学习如何使用 JSON 格式载入及存储数据。

4.7.1　具体步骤

1. 打开终端并以 JSON 格式创建 person 数据。

```
$ mkdir jsondata
$ vi jsondata/person.json
{"first_name" : "Barack", "last_name" : "Obama", "age" : 53}
{"first_name" : "George", "last_name" : "Bush", "age" : 68 }
{"first_name" : "Bill", "last_name" : "Clinton", "age" : 68 }
```

2. 将 jsondata 目录上传到 HDFS。

```
$ hdfs dfs -put jsondata /user/hduser/jsondata
```

3. 开启 Spark shell 并给它一些额外的内存。

```
$ spark-shell --driver-memory 1G
```

4. 创建一个 SQLContext 的实例。

```
scala> val sqlContext = new org.apache.spark.sql.SQLContext(sc)
```

5. 导入隐式转换。

```
scala> import sqlContext.implicits._
```

6. 从 HDFS 导出 jsondata 文件夹。

```
scala> val person = sqlContext.jsonFile("hdfs://localhost:9000/user/hduser/jsondata")
```

7. 将 person DF 记为一张临时表以便运行 SQL 查询。

```
scala> person.registerTempTable("person")
```

8. 查找所有年龄大于 60 岁的人。

```
scala> val sixtyPlus = sql("select * from person where age > 60")
```

9. 输出结果。

```
scala> sixtyPlus.collect.foreach(println)
```

10. 将 sixtyPlus DF 保存为 JSON 格式。

```
scala> sixtyPlus.toJSON.saveAsTextFile("hdfs://localhost:9000/
user/hduser/sp")
```

11. 最后一步在 HDFS 根目录创建了一个名为 sp 的文件夹。你可以在另一个 shell 中使用 hdfs dfs -ls 命令查看以确保它的创建。

```
$ hdfs dfs -ls sp
```

4.7.2　工作原理

sc.jsonFile 内部使用 TextInputFormat 格式，一次处理一行数据。因此，一个 JSON 记录不能写为多行。多行的 JSON 格式也是有效的，不过在 Spark 中不被支持，而且还会报错。

多个对象写在一行是被允许的。例如，你可以将两个人的信息以一个数组的形式写在同一行，如下所示。

```
[{"firstName":"Barack", "lastName":"Obama"},{"firstName":"Bill",
"lastName":"Clinton"}]
```

本节讲解了如何使用 JSON 格式载入及存储数据。

4.7.3　更多内容

如果你使用的 Spark 版本为 1.4 或更新版本，SqlContext 提供了从 HDFS 加载 jsondata 目录的更简单的接口。

```
scala> val person = sqlContext.read.json ("hdfs://localhost:9000/
user/hduser/jsondata")
```

sqlContext.jsonFile 在 1.4 版本中不推荐使用，推荐使用 sqlContext.read.json 来实现相同功能。

4.8　从关系型数据库载入及存储数据

在上一章，我们学习了如何使用 JdbcRDD 从关系型数据库加载数据到 RDD 中。Spark 1.4 开始支持将数据直接从 JDBC 源加载到 DataFrame 中。本节将会教授其具体步骤。

4.8.1　准备工作

确保 JDBC 驱动 JAR 包在执行器运行的客户端和所有从节点上可用。

4.8.2   具体步骤

1. 在 MySQL 中使用以下 DDL 创建一张名为 person 的表格。

```
CREATE TABLE 'person' (
  'person_id' int(11) NOT NULL AUTO_INCREMENT,
  'first_name' varchar(30) DEFAULT NULL,
  'last_name' varchar(30) DEFAULT NULL,
  'gender' char(1) DEFAULT NULL,
  'age' tinyint(4) DEFAULT NULL,
  PRIMARY KEY ('person_id')
)
```

2. 插入一些数据。

```
Insert into person values('Barack','Obama','M',53);
Insert into person values('Bill','Clinton','M',71);
Insert into person values('Hillary','Clinton','F',68);
Insert into person values('Bill','Gates','M',69);
Insert into person values('Michelle','Obama','F',51);
```

3. 从 http://dev.mysql.com/downloads/connector/j/ 下载 mysql-connector-java-x.x.xx-bin.jar。

4. 在 Spark shell 中加载 MySQL 驱动。

$ spark-shell --driver-class-path/path-to-mysql-jar/mysql-connector-java-5.1.34-bin.jar

 请注意 path-to-mysql-jar 并不是实际的路径名，你需要用自己的路径替换它。

5. 构建一个 JDBC URL。

scala> val url="jdbc:mysql://localhost:3306/hadoopdb"

6. 创建一个包含用户名和密码的连接（connection）属性对象。

scala> val prop = new java.util.Properties
scala> prop.setProperty("user","hduser")
scala> prop.setProperty("password","******")**

7. 加载包含 JDBC 数据源（url、表名和属性）的 DataFrame。

```scala
scala> val people = sqlContext.read.jdbc(url,"person",prop)
```

8. 使用以下命令将结果以整齐的表格形式输出。

```scala
scala> people.show
```

9. 第 7 步加载了整张表。如果我只想要加载男性的（url、表名、谓词和属性）呢？使用如下命令即可。

```scala
scala> val males = sqlContext.read.jdbc(url,"person",Array("gender='M'"),prop)
scala> males.show
```

10. 使用如下命令只显示名字。

```scala
scala> val first_names = people.select("first_name")
scala> first_names.show
```

11. 使用如下命令只显示年龄低于 60 岁的人。

```scala
scala> val below60 = people.filter(people("age") < 60)
scala> below60.show
```

12. 使用如下命令将人按照性别分组。

```scala
scala> val grouped = people.groupBy("gender")
```

13. 使用如下命令获取男性和女性的数量。

```scala
scala> val gender_count = grouped.count
scala> gender_count.show
```

14. 使用如下命令获取男性和女性的平均年龄。

```scala
scala> val avg_age = grouped.avg("age")
scala> avg_age.show
```

15. 使用如下命令将平均年龄（avg_age）数据保存到一张新表中。

```scala
scala> gender_count.write.jdbc(url,"gender_count",prop)
```

16. 使用 Parquet 格式保存 people DataFrame。

```scala
scala> people.write.parquet("people.parquet")
```

17. 使用 JSON 格式保存 people DataFrame。

```
scala> people.write.json("people.json")
```

4.9 从任意数据源载入及存储数据

到目前为止，我们介绍了 DataFrame 内置的 3 种数据源——parquet（默认数据源）、json 和 jdbc。DataFrame 并不仅仅支持这 3 种数据源，它可以通过人工定义格式从任意数据源载入及存储数据。

在本节中，我们将会介绍从任意数据源载入及存储数据。

4.9.1 具体步骤

1. 开启 Spark shell 并给它一些额外的内存。

```
$ spark-shell --driver-memory 1G
```

2. 以 Parquet 格式加载一些数据。因为 parquet 是默认数据源，所以不需要特别指定。

```
scala> val people = sqlContext.read.load("hdfs://localhost:9000/
user/hduser/people.parquet")
```

3. 通过指定格式从 Parquet 加载数据。

```
scala> val people = sqlContext.read.format("org.apache.spark.sql.
parquet").load("hdfs://localhost:9000/user/hduser/people.parquet")
```

4. 对于内嵌数据格式（parquet、json 和 jdbc）不需要指定其完整结构名，只需要指定 "parquet"、"json" 和 "jdbc" 即可。

```
scala> val people = sqlContext.read.format("parquet").
load("hdfs://localhost:9000/user/hduser/people.parquet")
```

> 当写入数据时，有 4 种存储模式：附加（append）、重写（overwrite）、及时报错（errorIfExists）和忽视（ignore）。附加模式将数据追加到数据源后面，重写模式覆盖它，及时报错模式会在数据已存在时报错，忽视模式会在数据已存在时不做任何操作。

5. 在附加模式中以 JSON 格式保存 person。

```
scala> val people = people.write.format("json").mode("append").
save ("hdfs://localhost:9000/user/hduser/people.json")
```

4.9.2 更多内容

Spark SQL 数据源 API 支持多种数据源存储。更多信息请访问 http://spark-packages.org/。

第 5 章
Spark Streaming

Spark Streaming 给 Apache Spark 加入了实时分析这一大数据处理利器。它不仅能摄取实时数据流，还可以提供秒级的低延迟实时智能分析。

本章将会介绍以下内容。

- 基于流处理的字数统计。

- Twitter 数据的流处理。

- 基于 Kafka 的流处理。

5.1 简介

流（Streaming）是把连续输入的数据划分成离散的单元的过程，以便更容易处理数据。现实生活中熟悉的例子有流媒体视频和音频内容（尽管用户可能把整个电影下载下来再看，更快的方法是把数据流处理成小块，这样可以一边播放一边在后台下载剩下的数据）。

现实中关于流的例子除了多媒体，还有对市场反馈、天气数据、电子股票的交易数据等的处理。所有的这些应用都以很快的速度产生大量的数据，同时需要特殊处理这些数据，这样才能实时地洞察这些数据。

在关注 Spark Streaming 之前，我们最好要知道几个流的基本概念。流处理程序接收数据的速度叫作数据速率（data rate），表示为千字节每秒（kbit/s）或者兆字节每秒（Mbit/s）。

流处理的一个重要的应用场景就是复杂事件处理（Complex Event Processing, CEP）。在 CEP 中，控制数据处理的范围很重要，这个范围叫窗口（window），窗口可以基于时间或者大小。一个基于时间窗口的例子有分析最近一分钟的到达数据。一个基于大小的窗口的例子有计算一支股票最近的 100 笔交易的要价平均值。

Spark Streaming 是 Spark 提供数据流处理的库。流可以是来自任何数据源，比如 Twitter、Kafka，或者 Flume。

在深入本教程前，我们需要认真理解 Spark Streaming 的一些基础组件。

Spark Streaming 有一个关于上下文的封装类叫 StreamingContext，封装了 SparkContext，也是 Spark Streaming 的功能入口。根据定义，流数据是持续的、需要时间分割处理的。分割的时间叫作批次间隔（batch interval），这是在创建 StreamingContext 时指定的。RDD 和批处理存在一对一的对应关系，也即是每个批处理生成一个 RDD。正如图 5-1 所示，Spark Streaming 读取连续的数据，把它切分成很多批处理并转入 Spark。

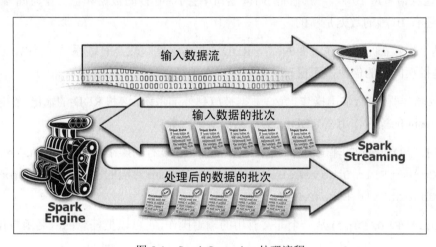

图 5-1　Spark Streaming 处理流程

批次间隔对于优化你的流处理程序很重要。在理想情况下，你需要尽快处理摄入的数据，否则你的应用程序会积压数据。Spark Streaming 会收集时间间隔中的数据，比如两秒的间隔，当这两秒时间间隔结束，间隔期间收集的数据会传递给 Spark 进行处理，同时 Streaming 会继续收集下一个时间间隔的数据。现在，在这两秒间隔中，Spark 必须处理完所有数据，因为它需要空出来接受下一个批处理的数据。如果 Spark 能够更快地处理数据，你可以减少批处理的时间间隔，比如一秒。如果 Spark 不能跟上数据流的速度，你就得提高批处理的时间间隔。

Spark Streaming 中的连续数据流需要表示成一个能被处理的抽象形式。这个抽象叫作离散数据流（Discretized Stream，Dstream）。任何针对 DStream 的操作最终会作用于下面的 RDD。

所有输入的 DStream 都会关联一个接收器（除了文件流）。接收器从输入源接收数据并把它存入 Spark 的内存中。这有两种流数据源,如下所示。

- 基本数据源,比如文件和套接字连接。

- 高级数据源,比如 Kafka 和 Flume。

Spark Streaming 也提供基于窗口的计算,意味着你可以对一个滑动窗口的数据进行转换操作。一个滑动操作基于两个变量,如下所示。

- 窗口长度:是指窗口的持续时间。如果你想分析上一分钟的数据,那么窗口长度就应该是一分钟。

- 滑动间隔:描述了你想执行一个操作的频率。比如说你想每 10 秒执行一个操作,这意谓着每 10 秒,一分钟的时间窗口中会有 50 秒的数据和上一个时间窗口一样,还有 10 秒的数据是新的。

这两个参数都是作用在下面的那些 RDD 上的,这些显然是有联系的。所以,这两个参数必须是批次间隔的倍数,而窗口长度同样也必须是滑动间隔的倍数。

DStream 同样也有输出操作,允许数据被放到外部系统,这和 RDD 的输出操作类似(这是对 DStream 的操作作用在 RDD 上的更高层次的抽象)。

除了打印 DStream 的输出内容,对于其他标准的 RDD 行动操作,比如 `saveAsTextFile`,`saveAsObjectFile` 和 `saveAsHadoopFile`,DStream 对应的也有 `saveAsTextFile`,`saveAsObjectFile` 和 `saveAsHadoopFile`。

`foreachRDD(func)` 是一个非常有用的输出操作,它可以把任意的匿名函数作用于所有 RDD。

5.2　使用 Streaming 统计字数

让我们在一个终端上开始一个简单的 Streaming 例子,我们会输入一些文本,同时 Streaming 的应用程序在另一个窗口中会捕获它。

1. 启动 Spark shell 并给它额外的内存。

```
$ spark-shell --driver-memory 1G
```

2. Stream 相关的导入。

```
scala> import org.apache.spark.SparkConf
scala> import org.apache.spark.streaming.{Seconds,StreamingContext}
```

```
scala> import org.apache.spark.storage.StorageLevel
scala> import StorageLevel._
```

3. 导入隐式转换相关的类库。

```
scala> import org.apache.spark._
scala> import org.apache.spark.streaming._
scala> import org.apache.spark.streaming.StreamingContext._
```

4. 创建一个两秒批间隔的 StreamingContext。

```
scala> val ssc = new StreamingContext(sc, Seconds(2))
```

5. 基于本地主机的 8585 端口，创建一个 MEMORY_ONLY 缓存的 SocketTextStream Dstream。

```
scala> val lines = ssc.socketTextStream("localhost",8585,MEMORY_ONLY
```

6. 把行分割成单词。

```
scala> val wordsFlatMap = lines.flatMap(_.split(" "))
```

7. 把单词转换成（word,1），输出值 1 表示单词键出现的次数。

```
scala> val wordsMap = wordsFlatMap.map( w => (w,1))
```

8. 用 reduceByKey 方法把每个单词键出现的进行累加（加法函数每次作用在两个连续的值，用 a 和 b 表示）。

```
scala> val wordCount = wordsMap.reduceByKey( (a,b) => (a+b))
```

9. 打印 wordCount。

```
scala> wordCount.print
```

10. 启动 StreamingContext，注意如果 StreamingContext 没有启动什么也不会发生。

```
scala> ssc.start
```

11. 现在我们在另外一个窗口中启动 netcat 服务器。

```
$ nc -lk 8585
```

12. 输入不同的行，比如 "to be or not to be"。

```
to be or not to be
```

13. 检查 Spark shell，你会发现字数统计的结果如图 5-2 所示。

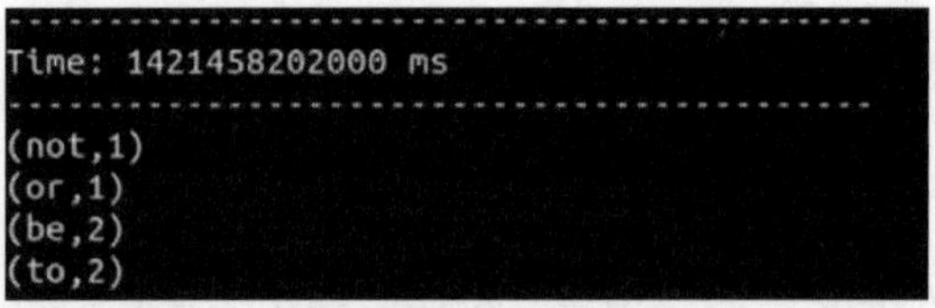

```
Time: 1421458202000 ms
---------------------------------
(not,1)
(or,1)
(be,2)
(to,2)
```

图 5-2   字数统计结果

5.3   Twitter 流数据处理

Twitter 是一个著名的微博平台。它每天产生大量的数据，大约每天发送 5 亿条的微博。Twitter 提供访问数据的 API，这让它成为测试大数所流处理程序的经典案例。

本节我们将会知道如何使用 Twitter 的流处理库在 Spark 中处理实时流数据。Twitter 只是一个给 Spark 提供的流数据的数据源，并没有什么特别的。所以 Spark 没有什么内置的关于 Twitter 的库。但 Spark 提供了一些 API 能很容易地与 Twitter 库集成。

一个使用 Twitter 实时数据的实例是：找到最近 5 分钟的微博热门话题。

具体步骤

1. 创建一个 Twitter 账号，如果你没有的话。

2. 打开 http://apps.twitter.com。

3. 点击创建新的应用（Create New App）。

4. 如图 5-3 所示，输入姓名（Name）、描述（Description）、网站（Website）和回调链接信息（Callback URL），然后创建你的 Twitter 应用。

5. 你会看到应用管理（Application Management）界面。

6. 如图 5-4 所示，浏览访问密钥或者创建访问密钥（Keys and Access Tokens | Create my

access Token）页面。

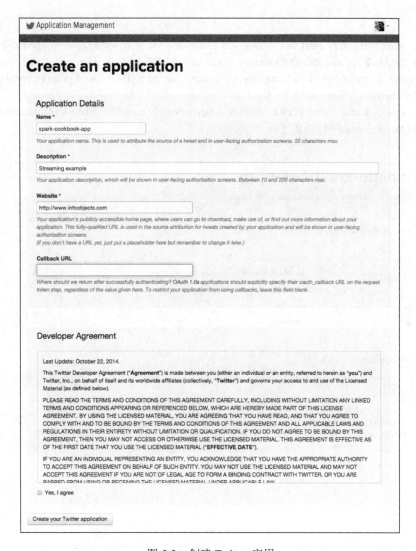

图 5-3　创建 Twitter 应用

7. 记住以下 4 个值，我们会在第 14 步的时候用。

```
Consumer Key (API Key)
Consumer Secret (API Secret)
Access Token
Access Token Secret
```

8. 我会根据需要提供屏幕上的这些值，但现在我们要从 Maven 中心仓库下载需要的第三方库。

```
$ wget http://central.maven.org/maven2/org/apache/spark/spark-streaming-
twitter_2.10/1.2.0/spark-streaming-twitter_2.10-1.2.0.jar
$ wget http://central.maven.org/maven2/org/twitter4j/twitter4j-stream/
4.0.2/twitter4j-stream-4.0.2.jar
$ wget http://central.maven.org/maven2/org/twitter4j/twitter4j-core/
4.0.2/twitter4j-core-4.0.2.jar
```

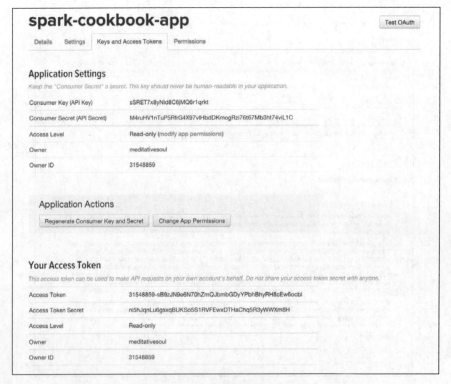

图 5-4　访问密钥

9. 打开 Spark shell，并把之前下载的 3 个 JAR 包加入依赖中。

```
$ spark-shell --jars spark-streaming-twitter_2.10-1.2.0.jar,twitter4j-
stream-4.0.2.jar,twitter4j-core-4.0.2.jar
```

10. 专稿 Twitter 相关的库。

```
scala> import org.apache.spark.streaming.twitter._
scala> import twitter4j.auth._
scala> import twitter4j.conf._
```

11. 导入 Stream 相关的库。

```
scala> import org.apache.spark.streaming.{Seconds,StreamingContext}
```

12. 导入隐式转换的库。

```
scala> import org.apache.spark._
scala> import org.apache.spark.streaming._
scala> import org.apache.spark.streaming.StreamingContext._
```

13. 创建 10 秒批间隔的 `StreamingContext`。

```
scala> val ssc = new StreamingContext(sc, Seconds(10))
```

14. 创建一个两秒批间隔的 `StreamingContext`。

```
scala> val cb = new ConfigurationBuilder
scala> cb.setDebugEnabled(true)
.setOAuthConsumerKey("FKNryYEKeCrKzGV7zuZW4EKeN")
.setOAuthConsumerSecret("x6Y0zcTBOwVxpvekSCnGzbi3NYNrM5b8ZMZRIPI1XRC3p
DyOs1")
.setOAuthAccessToken("31548859-DHbESdk6YoghCLcfhMF88QEFDvEjxbM6Q90eoZTGl")
.setOAuthAccessTokenSecret("wjcWPvtejZSbp9cgLejUdd6W1MJqFzm51ByUFZ11NYgrV")
val auth = new OAuthAuthorization(cb.build)
```

 提示：
这些密钥的值是样例数据，请用你自己的密钥数据代替。

15. 创建 Twitter DStream。

```
scala> val tweets = TwitterUtils.createStream(ssc,auth)
```

16. 过滤英文的微博。

```
scala> val englishTweets = tweets.filter(_.getLang()=="en")
```

17. 取出微博的文字。

```
scala> val status = englishTweets.map(status =>status.getText)
```

18. 设置检查点的路径。

```
scala> ssc.checkpoint("hdfs://localhost:9000/user/hduser/checkpoint")
```

19. 启动 `StreamingContext`。

```scala
scala> ssc.start
scala> ssc.awaitTermination
```

20. 你可以执行 `:paste` 命令，然后把所有命令全部粘贴过来。

```scala
scala> :paste
import org.apache.spark.streaming.twitter._
import twitter4j.auth._
import twitter4j.conf._
import org.apache.spark.streaming.{Seconds, StreamingContext}
import org.apache.spark._
import org.apache.spark.streaming._
import org.apache.spark.streaming.StreamingContext._
val ssc = new StreamingContext(sc, Seconds(10))
val cb = new ConfigurationBuilder
cb.setDebugEnabled(true).setOAuthConsumerKey("FKNryYEKeCrKzGV7zuZW4EKeN")
.setOAuthConsumerSecret("x6Y0zcTBOwVxpvekSCnGzbi3NYNrM5b8ZMZRIPI1XRC3pDyOs1")
.setOAuthAccessToken("31548859-DHbESdk6YoghCLcfhMF88QEFDvEjxbM6Q90eoZTG1")
.setOAuthAccessTokenSecret("wjcWPvtejZSbp9cgLejUdd6W1MJqFzm51ByUFZ11NYgrV")
val auth = new OAuthAuthorization(cb.build)
val tweets = TwitterUtils.createStream(ssc,Some(auth))
val englishTweets = tweets.filter(_.getLang()=="en")
val status = englishTweets.map(status =>status.getText)
status.print
ssc.checkpoint("hdfs://localhost:9000/checkpoint")
ssc.start
ssc.awaitTermination
```

5.4　Kafka 流数据处理

Kafka 是一个分布式的、分区的和复制备份的日志提交服务。简单地说，它是一个分布式的消息服务。Kafka 维护了分类的消息订阅服务 topics。举个例子，一个你关心的公司股票代码的新闻消息就是一个 topic，比如 CSCO（Cisco 的股票代码）。

生产消息的进程叫 producers，消费消息的进程叫 consumers。在传统的消息系统中，消息服务有一个集中式的消息服务器叫 broker。因为 Kafka 是一个分布式的消息服务，它有一个由许多 broker 组成的集群，功能上相当于一个 Kafka broker，如图 5-5 所示。

对于任意 topic，Kafka 可维持分区的日志。分布日志由分布在集群中的一个或者更多的分区组成，如图 5-6 所示。

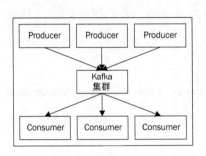

图 5-5　Kafka 架构

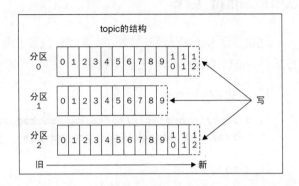

图 5-6　Kafka 日志分布

Kafka 借鉴了一些 Hadoop 和其他大数所框架的概念。分区的概念就和 Hadoop 中的 InputSplit 概念非常相似。最简单的例子，当使用 TextInputFormat 时，每个 InputSplit 相当于一个数据块。每个数据块被读成 TextInputFormat 格式的键值对，其中键是行的字节偏移量，值是行本身的内容。类似地，在 Kafka 分区中消息记录被存储和读取成键值对，其中键是叫偏移量的序列 ID 值，值是消息内容。

在 Kafka 中，消息的保留时间不是由消费者（Consumer）的消费情况决定的。消息的保留时间是可配置的。每个消费者可以按任意顺序去读取消息。消费者所需要做的是保存偏移量（offset）。另一个类比就是，读书时书的页码相当于偏移量（offset），而页面内容相当于消息。读者可以随意选择他或她想读的地方，只要他们记得标签（当前的位置偏移量）。

为了提供像传统消息系统中发布/订阅和 PTP（队列）类似的功能，Kafka 有消费组（Consumer Group）的概念。一个消费组就是一组消费者，Kafka 集群把它们当成一个单元。在一个消费组中，只有一个消费者需要接收消息。如图 5-7 所示，如果消费者 C1 接收了 topic T1 的第一条消息，那么这个 topic 接下来所有的消息都会被发给这个消费者。使用这样的策略，Kafka 就能保证 topic 的消息顺序。

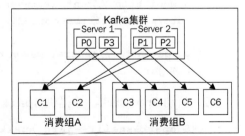

图 5-7　Kafka 消费组

一种极端情况，当所有的消费者都在一个消费组的时候，Kafka 集群就像 PTP 或队列一样。另一种极端情况是如果每一个消费者都属于不同的组，它就像一个发布订阅系统。在实践中，每个消费组有数量有限的消费者。

本节描述对于 Kafka 的数据源如何实现单词记数。

5.4.1 准备工作

这里假设 Kafka 已经安装好了。Kafka 自带了绑定的 Zookeeper。我们假设 Kafka 的 home 目录是 /opt/infoobjects/kafka：

1. 启动 ZooKeeper。

   ```
   $ /opt/infoobjects/kafka/bin/zookeeper-server-start.sh /opt/infoobjects/
   kafka/config/zookeeper.properties
   ```

2. 启动 Kafka 服务器。

   ```
   $ /opt/infoobjects/kafka/bin/kafka-server-start.sh/opt/infoobjects/
   kafka/config/server.properties
   ```

3. 创建一个 test topic。

   ```
   $ /opt/infoobjects/kafka/bin/kafka-topics.sh --create --zookeeper
   localhost: 2181 --replication-factor 1 --partitions 1 --topic test
   ```

5.4.2 具体步骤

1. 下载 spark-streaming-kafka 的库和它的依赖。

   ```
   $ wget http://central.maven.org/maven2/org/apache/spark/spark-streaming-
   kafka_2.10/1.2.0/spark-streaming-kafka_2.10-1.2.0.jar
   ```

   ```
   $ wget http://central.maven.org/maven2/org/apache/kafka/kafka_2.10/0.8.1/
   kafka_2.10-0.8.1.jar
   ```

   ```
   $ wget http://central.maven.org/maven2/com/yammer/metrics/metrics-
   core/2.2.0/metrics-core-2.2.0.jar
   ```

   ```
   $ wget http://central.maven.org/maven2/com/101tec/zkclient/0.4/zkclient-
   0.4.jar
   ```

2. 启动 Spark shell，并提供 spark-streaming-kafka 的库。

   ```
   $ spark-shell --jars spark-streaming-kafka_2.10-1.2.0.jar, kafka_
   2.10.0.8.1.jar,metrics-core-2.2.0.jar,zkclient-0.4.jar
   ```

3. 导入 Stream 相关的库。

   ```
   scala> import org.apache.spark.streaming.{Seconds,StreamingContext}
   ```

4. 导入隐式转换相关的库。

```scala
scala> import org.apache.spark._
scala> import org.apache.spark.streaming._
scala> import org.apache.spark.streaming.StreamingContext._
scala> import org.apache.spark.streaming.kafka.KafkaUtils
```

5. 创建批间隔为 2 秒的 `StreamingContext`。

```scala
scala> val ssc = new StreamingContext(sc, Seconds(2))
```

6. 设置 Kafka 相关的变量。

```scala
scala> val zkQuorum = "localhost:2181"
scala> val group = "test-group"
scala> val topics = "test"
scala> val numThreads = 1
```

7. 创建 `topicMap`。

```scala
scala> val topicMap = topics.split(",").map((_,numThreads.toInt)).toMap
```

8. 创建 Kafka Dstream。

```scala
scala> val lineMap = KafkaUtils.createStream(ssc, zkQuorum, group,topicMap)
```

9. 读取 lineMap 的值。

```scala
scala> val lines = lineMap.map(_._2)
```

10. 创建 `flatMap` 的值。

```scala
scala> val words = lines.flatMap(_.split(" "))
```

11. 创建（word,count）的键值对。

```scala
scala> val pair = words.map( x => (x,1))
```

12. 在滑动窗口中做字数统计。

```scala
scala> val wordCounts = pair.reduceByKeyAndWindow(_ + _, _ - _,Minutes(10),
Seconds(2), 2)
scala> wordCounts.print
```

13. 设置检查点（checkpoint）的目录。

```scala
scala> ssc.checkpoint("hdfs://localhost:9000/user/hduser/
checkpoint")
```

14. 启动 StreamingContext。

```scala
scala> ssc.start
scala> ssc.awaitTermination
```

15. 在另一个窗口，对 test topic 发布一条消息。

```
$ /opt/infoobjects/kafka/bin/kafka-console-producer.sh -broker-list
localhost:9092 -topic test
```

16. 现在，像第 15 步那样，在每条消息后按回车键发布消息。

17. 现在，一旦你发布消息到 Kafka 上，你会在 Spark shell 中看到如图 5-8 的输出。

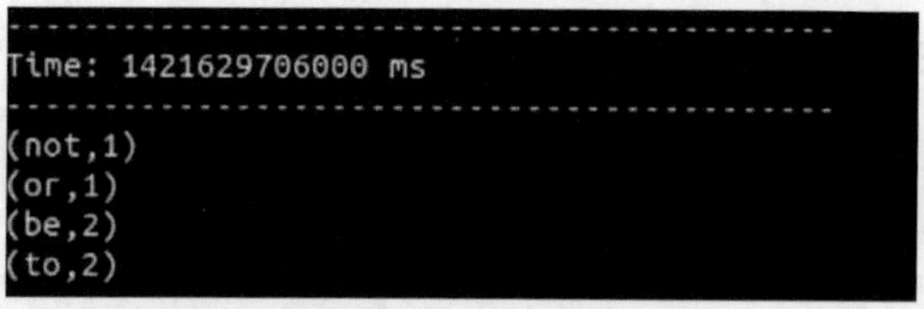

图 5-8　Kafka 输出

5.4.3　更多内容

假如你想对每一个单词维护一个运行时的字数统计。Spark Streaming 有一个相关的特性叫 updateStateByKey 操作。通过 updateStateByKey 你可以维持任意的状态，而且还能用提供的信息更新它。

这个任意状态可以是一个聚合的值，或者一个状态的改变（比如一个 twitter 用户的情绪），执行以下步骤。

1. 对 RDD 对调用 updateStateByKey 操作：

```scala
scala> val runningCounts = wordCounts.updateStateByKey( (values: Seq[Int],
state: Option[Int]) =>Some(state.sum + values.sum))
```

> 提示:
>
> updateStateByKey 操作返回一个新状态的 DStream,
> 其中传入的函数基于键之前的状态和键新的值更新每
> 个键的状态。这可以用于维护每个键的任意状态数据。
> 这里有两个让这个操作奏效的步骤:
>
> - 定义状态
> - 定义状态更新函数
>
> updateStateByKey 操作对每一个键会被调用一次,
> values 表示键对应的值序列,这和 MapReduce 非常像,
> state 可以是任意状态,这里我们选择 Option[Int]
> 类型。步骤一中每一次调用,之前的状态都会被当前键
> 的所有值之和更新。

2. 打印结果:

```scala
scala> runningCounts.print
```

3. 下面是所有的步骤一起,包括使用 updateStateByKey 操作维护任意状态。

```scala
scala> :paste
import org.apache.spark.streaming.{Seconds, StreamingContext}
import org.apache.spark._
import org.apache.spark.streaming._
import org.apache.spark.streaming.kafka._
import org.apache.spark.streaming.StreamingContext._
val ssc = new StreamingContext(sc, Seconds(2))
val zkQuorum = "localhost:2181"
val group = "test-group"
val topics = "test"
val numThreads = 1
val topicMap = topics.split(",").map((_,numThreads.toInt)).toMap
val lineMap = KafkaUtils.createStream(ssc, zkQuorum, group,
topicMap)
val lines = lineMap.map(_._2)
val words = lines.flatMap(_.split(" "))
val pairs = words.map(x => (x,1))
val runningCounts = pairs.updateStateByKey( (values: Seq[Int],
state: Option[Int]) =>Some(state.sum + values.sum))
runningCounts.print
ssc.checkpoint("hdfs://localhost:9000/user/hduser/checkpoint")
ssc.start
ssc.awaitTermination
```

4. 按 Ctrl + D 运行(执行使用 :paste 粘贴的代码)。

第 6 章
机器学习——MLlib

本章包含以下内容。

- 创建向量。

- 创建向量标签。

- 创建矩阵。

- 计算概述统计量。

- 计算相关性。

- 进行假设检验。

- 使用 ML 创建机器学习流水线。

6.1 简介

以下是维基百科对于机器学习的定义。

"机器学习是一门探索、研究可以从数据中学习的算法研究和架构探索的学科。"

本质上，机器学习是使用过去的数据来预测未来的学科，机器学习非常依赖统计分析和方法。

在统计学中，有表 6-1 所示的 4 种测量尺度。

表 6-1 4 种度量尺度

尺度类型	描述
名目尺度	=, ≠ 定义种类 不能是数字 例如：男性、女性
次序尺度	=, ≠, <, > 名目尺度＋从最不重要到最重要排序 例如：品牌层级
等距尺度	=, ≠, <, >, +, − 次序尺度＋观测对象的距离 数字代表观测顺序 两个连续值之间的差都相同 60° 摄氏度不是 30° 摄氏度的两倍
等比尺度	=, ≠, <, >, +, ×, ÷ 等距尺度＋观测值的比例 20 美元的价值是 10 美元的两倍

数据的另一种区别是连续和离散的区别。连续的数据可以是任意值，大多数等距和等比尺度的数据是连续的。

离散数据只能是特定的值，值与值之间有非常清晰的边界。例如一个房子可以有 2 个或 3 个房间，但是不能是 2.75 个房间。所有名目和次序尺度的数据都是离散的。

MLlib 是 Spark 用于机器学习的库。本章我们将会介绍一些机器学习的基础知识。

6.2 创建向量

在理解向量之前，让我们先了解一下什么是点。一个点是一组数字。这组数字或者说坐标定义了点在空间中的位置。坐标的数量确定空间的维度。

我们可以引申到三维空间，高于三维的空间被称为超空间。我们需要使用该空间隐喻。

以人为例。一个人具有以下维度：

- 体重

- 身高

- 年龄

我们现在创建了一个三维空间。因此点（160,69,24）分别代表着重 160 磅、高 69 英寸和 24 岁。

>
>
> **提示：**
> 点和向量是一回事。向量中的维度被称为特征。也就是说，我们可以将特征定义为某个被观测到的现象的独立度量值。

Spark 有本地向量、本地矩阵，也有分布式矩阵。分布式矩阵分布在一个或多个 RDD 上。本地向量具有数字索引和双重值，并且存储在单台机器上。

MLib 的本地向量有两种：dense 和 sparse。dense 向量通过一组值回传，而 sparse 向量通过两组值回传，一组是索引，另一组是值。

所以，person 数据（160,69,24）如果用 dense 向量来表示的话就是[160.0,69.0,24.0]，如果用 sparse 向量表示的话就是(3,[0,1,2],[160.0,69.0,24.0])。

sparse 和 dense 向量的取舍就在于 null 值或 0 值的多少。举个例子，如果一个向量有 10 000 个值，其中 9 000 个都是 0。如果我们使用 dense 向量格式，结构是很简单，但是 90% 的空间都被浪费了。此时更适合使用 sparse 向量格式，仅存储非零值的索引。

sparse 数据非常通用，Spark 提供 libsym 格式支持它，该格式每行存储一个特征向量。

6.2.1　具体步骤

1. 打开 Spark shell。

   ```
   $ spark-shell
   ```

2. 导入明确的 MLib 向量包（以防和其他向量类混淆）。

   ```
   scala> import org.apache.spark.mllib.linalg.{Vectors,Vector}
   ```

3. 创建一个 dense 向量。

```
scala> val dvPerson = Vectors.dense(160.0,69.0,24.0)
```

4. 创建一个 sparse 向量。

```
scala> val svPerson = Vectors.sparse(3,Array(0,1,2),Array(160.0,69.0,24.0))
```

6.2.2 工作原理

以下是 vectors.dense 的方法签名。

```
def dense(values: Array[Double]): Vector
```

这里的 values 代表双精度浮点型的向量数组。

以下是 vectors.sparse 的方法签名：

```
def sparse(size: Int, indices: Array[Int], values: Array[Double]):Vector
```

这里的 size 代表向量的大小，indices 代表索引数组，values 代表双精度浮点型向量数组。请确保你指定了至少一个值的类型是双精度浮点型或数值类型，否则的话该数据集会因为只有整型而抛出异常。

6.3 创建向量标签

向量标签是一个带有相关标签的本地向量（sparse 或者 dense）。标签数据在监督学习中被用来帮助训练算法，下一章将会具体介绍。

标签以双精度浮点值存储在 LabeledPoint 中。这意味着，如果你有明确的标签必须与双精度浮点值一一映射。什么样的值分配给什么类别并不重要，这里仅仅是为了方便考虑（如表 6-2 所示）。

表 6-2 标签类型

类型	标签值
二分类	0 或 1
多分类	0, 1, 2...
回归	数值

具体步骤

1. 打开 Spark shell。

   ```
   $ spark-shell
   ```

2. 导入明确的 MLlib 向量。

   ```
   scala> import org.apache.spark.mllib.linalg.{Vectors,Vector}
   ```

3. 导入 LabeledPoint。

   ```
   scala> import org.apache.spark.mllib.regression.LabeledPoint
   ```

4. 创建一个正向标签和 dense 向量的向量标签。

   ```
   scala> val willBuySUV = LabeledPoint(1.0,Vectors.dense(300.0,80,40))
   ```

5. 创建一个负向标签和 dense 向量的向量标签。

   ```
   scala> val willNotBuySUV = LabeledPoint(0.0,Vectors.dense(150.0,60,25))
   ```

6. 创建一个正向标签和 sparse 向量的向量标签。

   ```
   scala> val willBuySUV = LabeledPoint(1.0,Vectors.sparse(3,Array(0,1,2),
   Array(300.0,80,40)))
   ```

7. 创建一个负向标签和 sparse 向量的向量标签。

   ```
   scala> val willNotBuySUV = LabeledPoint(0.0,Vectors.sparse(3,Array (0,1,2),
   Array(150.0,60,25)))
   ```

8. 使用相同数据创建 libsym 文件。

   ```
   $ vi person_libsvm.txt (libsvm indices start with 1)
   0   1:150 2:60 3:25
   1   1:300 2:80 3:40
   ```

9. 上传 person_libsvm.txt 到 HDFS。

   ```
   $ hdfs dfs -put person_libsvm.txt person_libsvm.txt
   ```

10. 再导入一些类。

```
scala> import org.apache.spark.mllib.util.MLUtils
scala> import org.apache.spark.rdd.RDD
```

11. 从 libsym 文件中导出数据。

```
scala> val persons = MLUtils.loadLibSVMFile(sc,"person_libsvm. txt")
Creating matrices
```

6.4 创建矩阵

矩阵是一个由多个特征向量组成的表格。存在单机上的矩阵被称为本地矩阵，存在集群上的矩阵被称为分布式矩阵。

本地矩阵有由数字组成的索引，而分布式矩阵有由长整型组成的索引。它们的值都是双精度浮点型。

分布式矩阵有 3 种类型。

- RowMatrix：每一行是一个特征向量。

- IndexedRowMatrix：同样是行索引。

- CoordinateMatrix：是由 MatrixEntry 组成的矩阵。一个 MatrixEntry 代表矩阵的一个元素，元素由它的行列索引表示。

具体步骤

1. 打开 Spark shell。

```
$ spark-shell
```

2. 导入矩阵相关的类。

```
scala> import org.apache.spark.mllib.linalg.{Vectors,Matrix,Matrices}
```

3. 创建一个 dense 本地矩阵。

```
scala> val people = Matrices.dense(3,2,Array(150d,60d,25d,300d,80d,40d))
```

4. 创建一个名为 personRDD 的向量 RDD

```scala
scala> val personRDD = sc.parallelize(List(Vectors.dense(150,60,25),
Vectors.dense(300,80,40)))
```

5. 导入 RowMatrix 和相关类。

```scala
scala> import org.apache.spark.mllib.linalg.distributed.{IndexedRow,
IndexedRowMatrix,RowMatrix, CoordinateMatrix,MatrixEntry}
```

6. 创建一个 personRDD 的行矩阵。

```scala
scala> val personMat = new RowMatrix(personRDD)
```

7. 打印矩阵行数。

```scala
scala> print(personMat.numRows)
```

8. 打印矩阵列数。

```scala
scala> print(personMat.numCols)
```

9. 创建一个索引行的 RDD。

```scala
scala> val personRDD = sc.parallelize(List(IndexedRow(0L, Vectors.dense
(150,60,25)), IndexedRow(1L, Vectors.dense(300,80,40))))
```

10. 创建一个行索引矩阵。

```scala
scala> val pirmat = new IndexedRowMatrix(personRDD)
```

11. 打印矩阵行数。

```scala
scala> print(pirmat.numRows)
```

12. 打印矩阵列数。

```scala
scala> print(pirmat.numCols)
```

13. 将行索引矩阵转换回行矩阵。

```scala
scala> val personMat = pirmat.toRowMatrix
```

14. 创建矩阵元素 RDD。

```scala
scala> val meRDD = sc.parallelize(List(
MatrixEntry(0,0,150),
MatrixEntry(1,0,60),
MatrixEntry(2,0,25),
MatrixEntry(0,1,300),
MatrixEntry(1,1,80),
MatrixEntry(2,1,40)
))
```

15. 创建坐标矩阵。

```scala
scala> val pcmat = new CoordinateMatrix(meRDD)
```

16. 打印矩阵行数。

```scala
scala> print(pcmat.numRows)
```

17. 打印矩阵列数。

```scala
scala> print(pcmat.numCols)
```

6.5 计算概述统计量

概述统计量用于汇总观测数据得到数据集合。具体概述信息如下。

- 数据集中趋势度量——平均数、众数、中位数。
- 数据展布——方差、标准差。
- 条件边界——最大值、最小值。

本节介绍如何产生概述统计量。

具体步骤

1. 打开 Spark shell。

```
$ spark-shell
```

2. 导入矩阵相关的类。

```
scala> import org.apache.spark.mllib.linalg.{Vectors,Vector}
scala> import org.apache.spark.mllib.stat.Statistics
```

3. 创建一个名为 personRDD 的向量 RDD。

```
scala> val personRDD = sc.parallelize(List(Vectors.dense(150,60,25),
Vectors.dense(300,80,40)))
```

4. 计算列概述统计量。

```
scala> val summary = Statistics.colStats(personRDD)
```

5. 打印概述的平均值。

```
scala> print(summary.mean)
```

6. 打印方差。

```
scala> print(summary.variance)
```

7. 打印每列的非零值。

```
scala> print(summary.numNonzeros)
```

8. 打印样本大小。

```
scala> print(summary.count)
```

9. 打印每一列的最大值。

```
scala> print(summary.max)
```

6.6 计算相关性

相关性是两个变量之间的统计关系，意为当一个变量变化时会导致另一个变量的变化。相关性分析是度量两个变量的相关程度。

如果一个变量的增加导致另一个变量也增加，叫作正相关。如果一个变量的增加导致另一个变量的降低，叫作负相关。

Spark 支持两种相关性算法：皮尔逊和斯皮尔曼。皮尔逊算法用于两个连续变量，例如人的身高和体重或者房屋的大小和价格。斯皮尔曼算法用于一个连续值和一个离散值，例如邮政编码和房屋价格。

6.6.1 准备工作

使用真实数据可以使我们的相关性计算更有意义。表 6-3 是加利福尼亚州的萨拉托加市在 2014 年上半年的房屋大小与价格。

表 6-3　　　　　　　　　　萨拉托加 2014 年上半年的房价

房屋大小（平方英尺）	价格（美元）
2 100	1 620 000
2 300	1 690 000
2 046	1 400 000
4 314	2 000 000
1 244	1 060 000
4 608	3 830 000
2 173	1 230 000
2 750	2 400 000
4 010	3 380 000
1 959	1 480 000

6.6.2 具体步骤

1. 打开 Spark shell 。

   ```
   $ spark-shell
   ```

2. 导入统计和相关的类。

   ```
   scala> import org.apache.spark.mllib.linalg._
   scala> import org.apache.spark.mllib.stat.Statistics
   ```

3. 创建一个房屋大小的 RDD。

```
scala> val sizes = sc.parallelize(List(2100, 2300, 2046, 4314,1244, 4608,
2173, 2750, 4010, 1959.0))
```

4. 创建一个房屋价格的 RDD。

```
scala> val prices = sc.parallelize(List(1620000 , 1690000,1400000, 2000000,
1060000, 3830000, 1230000, 2400000, 3380000,1480000.00))
```

5. 计算相关性。

```
scala> val correlation = Statistics.corr(sizes,prices) correlation: Double =
0.8577177736252577
```

0.85 意味着强正相关。

这里没有制定特定的算法，那么就会默认使用皮尔逊算法。corr 方法的重载方法之一将算法名称作为第 3 个参数。

6. 使用皮尔逊算法计算相关性。

```
scala> val correlation = Statistics.corr(sizes,prices)
```

7. 使用斯皮尔曼算法计算相关性。

```
scala> val correlation = Statistics.corr(sizes,prices,"spearman")
```

上例的两个参数都是连续的。所以斯皮尔曼算法将大小假定为离散的。更好地使用斯皮尔曼算法的例子是统计邮政编码和价格的关系。

6.7　进行假设检验

假设检验是鉴定给定的假说正确性概率的一种方法。比方说，有一组样本数据表明女性更倾向于投票给民主党。那这在大量人口的情况下是否为真呢，万一这组数据只是巧合呢？

了解假设检验的目的的另一种方法是回答以下问题：如果一组样本有一个模式，那么该模式只是巧合的可能性有多大？

该怎么做呢？证明一件事物的最好方法是使用反证法。

反证的假设被称为空假设（null hypothesis）。假设检验适用于离散数据。让我们看看

表 6-4 中这个党派投票率的例子。

表 6-4	党派支持人数	
党派	男性人数	女性人数
民主党	32	41
共和党	28	25
无党派	34	26

具体步骤

1. 打开 Spark shell。

   ```
   $ spark-shell
   ```

2. 导入相关类。

   ```
   scala> import org.apache.spark.mllib.stat.Statistics
   scala> import org.apache.spark.mllib.linalg.{Vector,Vectors}
   scala> import org.apache.spark.mllib.linalg.{Matrix, Matrices}
   ```

3. 创建民主党的向量。

   ```
   scala> val dems = Vectors.dense(32.0,41.0)
   ```

4. 创建共和党的向量。

   ```
   scala> val reps= Vectors.dense(28.0,25.0)
   ```

5. 创建无党派人士的向量。

   ```
   scala> val indies = Vectors.dense(34.0,26.0)
   ```

6. 对观测数据进行卡方检验，检测其是否符合正态分布。

   ```
   scala> val dfit = Statistics.chiSqTest(dems)
   scala> val rfit = Statistics.chiSqTest(reps)
   scala> val ifit = Statistics.chiSqTest(indies)
   ```

7. 打印检验结果。

```scala
scala> print(dfit)
scala> print(rfit)
scala> print(ifit)
```

8. 创建输入矩阵。

```scala
scala> val mat = Matrices.dense(2,3,Array(32.0,41.0, 28.0,25.0,34.0,26.0))
```

9. 进行独立性卡方检验。

```scala
scala> val in = Statistics.chiSqTest(mat)
```

10. 打印独立性卡方检验结果。

```scala
scala> print(in)
```

6.8 使用 ML 创建机器学习流水线

Spark ML 是 Spark 内置的机器学习流水线的新库。该库与 MLlib 共同开发。它使得大量机器学习算法汇集到一条流水线上，并使用 DataFrame 作为数据集。

6.8.1 准备工作

让我们先理解一些 Spark ML 的基本概念。它使用转换器将一个 DataFrame 转换为另一个 DataFrame。一个转换器的简单例子就是增加一列。你可以把它等价于关系型数据库世界里的 "alter table"。

估算（Estimator）则代表着机器学习算法，即从数据中学习。估算的输入是一个 DataFrame，输出是一个转换器。每个估算都有一个 `fit()` 方法，用于训练算法。

一条机器学习流水线即指一系列的阶段，每一个阶段都可能是一个估算或者一个转换器。

本节中使用的例子是判断某人是否为篮球运动员。因此，我们需要一条由一个估算和一个转换器组成的流水线。

估算使用训练集数据训练算法，然后转换器作出预测。

现在让我们直接使用 `LogisticRegression` 作为我们的机器学习算法。我们将会在之后的章节中介绍包括 `LogisticRegression` 在内的一些算法。

6.8.2　具体步骤

1. 打开 Spark shell。

   ```
   $ spark-shell
   ```

2. 导入相关类。

   ```
   scala> import org.apache.spark.mllib.linalg.{Vector,Vectors}
   scala> import org.apache.spark.mllib.regression.LabeledPoint
   scala> import org.apache.spark.ml.classification.LogisticRegression
   ```

3. 创建一个名叫 Lebron 的篮球运动员的向量标签，80 英寸高，250 磅重。

   ```
   scala> val lebron = LabeledPoint(1.0,Vectors.dense(80.0,250.0))
   ```

4. 创建一个名叫 Tim 的篮球运动员的向量标签，70 英寸高，150 磅重。

   ```
   scala> val tim = LabeledPoint(0.0,Vectors.dense(70.0,150.0))
   ```

5. 创建一个名叫 Brittany 的篮球运动员的向量标签，80 英寸高，207 磅重。

   ```
   scala> val brittany = LabeledPoint(1.0,Vectors.dense(80.0,207.0))
   ```

6. 创建一个名叫 Stacey 的非篮球运动员的向量标签，65 英寸高，120 磅重。

   ```
   scala> val stacey = LabeledPoint(0.0,Vectors.dense(65.0,120.0))
   ```

7. 创建一个训练集 RDD。

   ```
   scala> val trainingRDD = sc.parallelize(List(lebron,tim,brittany,stacey))
   ```

8. 创建一个训练集 DataFrame。

   ```
   scala> val trainingDF = trainingRDD.toDF
   ```

9. 创建一个 LogisticRegression 估算。

   ```
   scala> val estimator = new LogisticRegression
   ```

10. 创建一个拟合估算和训练集 DataFrame 的转换器。

    ```
    scala> val transformer = estimator.fit(trainingDF)
    ```

11. 现在，创建测试数据——John，高 90 英寸重 270 磅，是一个篮球运动员。

```
scala> val john = Vectors.dense(90.0,270.0)
```

12. 创建另一个测试数据——Tom，高 62 英寸重 150 磅，不是一个篮球运动员。

```
scala> val tom = Vectors.dense(62.0,120.0)
```

13. 创建训练集 RDD。

```
scala> val testRDD = sc.parallelize(List(john,tom))
```

14. 创建一个特征 Case 类。

```
scala> case class Feature(v:Vector)
```

15. 映射 testRDD 和 featuresRDD。

```
scala> val featuresRDD = testRDD.map( v => Feature(v))
```

16. 将 featuresRDD 转换为列名叫 "features" 的 DataFrame。

```
scala> val featuresDF = featuresRDD.toDF("features")
```

17. 在 featuresDF 中增加预测列。

```
scala> val predictionsDF = transformer.transform(featuresDF)
```

18. 打印 predictionsDF。

```
scala> predictionsDF.foreach(println)
```

19. PredictionsDF 新增了 3 列——行预测、可能性和预测。我们只选择特性和预测列。

```
scala> val shorterPredictionsDF = predictionsDF.select("features",
"prediction")
```

20. 将预测列重命名为 isBasketBallPlayer。

```
scala> val playerDF = shorterPredictionsDF.toDF("features","isBask
etBallPlayer")
```

21. 打印 playerDF 的数据结构。

```
scala> playerDF.printSchema
```

第 7 章
监督学习之回归——MLlib

本章将包含以下教程。

- 使用线性回归。

- 理解代价函数。

- 使用 Lasso 线性回归。

- 使用岭回归。

7.1 简介

下面是监督学习在维基百科中的定义。

"监督学习是由标记的训练数据产生一个推断函数的机器学习任务。"

监督学习有两个步骤。

- 用训练数据集训练算法；这就像先给出一些问题和它的答案。

- 使用测试数据集向训练好的算法提一些问题。

有两个监督学习的算法。

- 回归：预测连续数值的输出，比如房价。

- 分类：预测离散值（0 或者 1）的输出，叫作标记，比如一封邮件是不是垃圾邮件。

分类不仅限于两个数值，也可以有多个数值，比如把邮件标记为重要、不重要或者紧急等（0，1，2…）。

提示：
本章我们主要讲回归，下一章讲分类。

我们将使用加州萨拉托加市的房屋销售数据作为回归的样例数据集，用作训练算法的一个训练数据集。当算法训练完成后，我们会让它根据房屋的面积来预测房价。图 7-1 说明了监督学习的工作流程。

图 7-1 中的假设（Hypothesis）好像和它所做的比较起来有些用词不当，或许你认为叫作预测函数也许更好些，但叫作假设是由于历史原因。

如果我们只用一个特征值来预测结果，这就叫二元分析。当有很多特征值时就叫多元分析。事实上只要我们喜欢，我们就可以拥有任意多的特征值。比如第 8 章要介绍的支持向量机（SVM）算法，它允许你有无限的特征。

本章我们会介绍如何使用 Spark 的机器学习库 MLlib 进行监督学习。

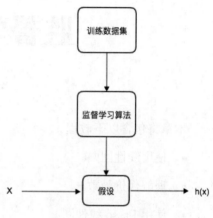

图 7-1　监督学习工作流图

提示：
本书的数学说明已经尽可能用简单的方式提供，但你也可以随意跳过数学的部分，直接转到具体步骤的部分。

7.2　使用线性回归

线性回归是根据一个或者多个预测变量或者特征 x 对响应变量 y 建模的方法。

7.2.1　准备工作

让我们用房市的数据根据房屋面积来预测价格。表 7-1 是加州萨拉托加市的 2014 年年初关于房屋面积和价格的数据。

表 7-1　　　　　　　　　　　　　　　房屋面积和价格的数据

房屋面积（平方英尺）	价格（美元）
2 100	1 620 000
2 300	1 690 000

续表

房屋面积（平方英尺）	价格（美元）
2 046	1 400 000
4 314	2 000 000
1 244	1 060 000
4 608	3 830 000
2 173	1 230 000
2 750	2 400 000
4 010	3 380 000
1 959	1 480 000

房屋面积价格关系图如图 7-2 所示。

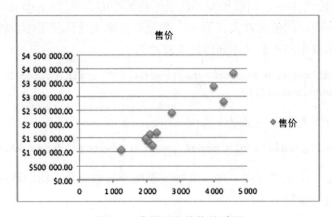

图 7-2　房屋面积价格关系图

7.2.2　具体步骤

1. 打开 Spark shell。

```
$ spark-shell
```

2. 导入统计及相关类。

```
scala> import org.apache.spark.mllib.linalg.Vectors
scala> import org.apache.spark.mllib.regression.LabeledPoint
scala> import org.apache.spark.mllib.regression.LinearRegressionWithSGD
```

3. 以房价作为标记创建一个 LabeledPoint 数组。

```scala
scala> val points = Array( LabeledPoint(1620000,Vectors.dense(2100)),
LabeledPoint(1690000,Vectors.dense(2300)),
LabeledPoint(1400000,Vectors.dense (2046)),
LabeledPoint(2000000,Vectors.dense(4314)),
LabeledPoint(1060000, Vectors.dense(1244)),
LabeledPoint(3830000,Vectors.dense(4608)),
LabeledPoint (1230000,Vectors.dense(2173)),
LabeledPoint(2400000,Vectors.dense(2750)),
LabeledPoint (3380000,Vectors.dense(4010)),
LabeledPoint(1480000,Vectors.dense (1959))
)
```

4. 创建之前数据的 RDD。

```scala
scala> val spiderRDD = sc.parallelize(points)
```

5. 使用数据迭代 100 次训练模型。这里保持很小的步长（step size）是为了适应房屋价格这个响应变量的值非常大。第 4 个变量是指每次迭代使用多少比率的数据，而最后一个变量是初始权重的集合（不同特征的权重）。

```scala
scala> val model = LinearRegressionWithSGD.train(pricesRDD,100,0.0000006,
1.0,Vectors.zeros(1))
```

6. 预测 2500 平方英尺的房屋价格。

```scala
scala> val prediction = model.predict(Vectors.dense(2500))
```

房屋面积只是一个预测变量。房屋价格还取决于其他变量，比如地皮面积、房龄等。变量越多，预测效果越好。

7.3 理解代价函数

代价函数或者损失函数是机器学习算法中非常重要的一个函数。大部分的算法都有一些代价函数的形式，其目标是为了使之最小化。影响代价函数的变量需要手动设置，比如上一教程中的步长（stepSize）。因此理解代价函数的概念很重要。

在本教程中，我们将分析线性回归的代价函数。线性回归是一个简单的利于理解的函数，这可以帮助读者理解代价函数在复杂函数中的作用。

我们回到线性回归，它的目标就是找到最佳拟合曲线让误差均方最小化。误差是指训练集中最佳拟合线上的值与实际反应变量的值之间的差值。

举一个单一预测变量的简单例子，最佳拟合线可以写成：

$$y = \theta_0 + \theta_1 x$$

这个函数也叫作假设函数，可以写成：

$$h(x) = \theta_0 + \theta_1 x$$

线性回归的目的就是找到最佳拟合线。在这条直线上，θ_0 表示 y 轴上的截距，θ_1 表示斜率，这些可以从下面的方程中得出。

$$h(x) = \theta_0 + \theta_1 x$$

我们需要找到这样的 θ_0 和 θ_1 让 $h(x)$ 最接近于训练数据中的 y。因此，对于第 i 个数据点有，线与数据点之间的距离平方是：

$$(x^i - x^i)^2 + (h(x^i) - y^i)^2$$
$$= (h(x^i) - y^i)^2$$

也即是预测的房价和实际卖出的房价之间的差值平方。现在我们对数据值中的该值取平均数。

$$\frac{1}{2m} \sum_{i=1}^{m} (h(x)^i - y^i)^2$$

上面的方程式叫作线性回归的代价函数 J。目标是最小化代价函数。

$$J(\theta_0, \theta_1) = \frac{1}{2m} \sum_{i=1}^{m} (h(x)^i - y^i)^2$$

代价函数也叫平方差函数。如果画出 J 函数的图形，会发现 θ_0 和 θ_1 都独立符合凸曲线。

我们以 (1,1)，(2,2) 和 (3,3) 3 个数值组成的数据集为例，以便计算简单些。

$$(x^1, y^1) = (1,1)$$
$$(x^2, y^2) = (2,2)$$
$$(x^3, y^3) = (3,3)$$

我们假设 θ_1 等于 0，也就是说最佳拟合线于 x 轴平行。第一种情况中，假设最佳拟合线就是 x 轴，即 $y = 0$。对应的代价函数的值如下所示：

$$(\theta_0, \theta_1) = (0,0)$$
$$J(\theta_1) = \frac{1}{2 \times 3} \sum_{i=1}^{3} (y^i)^2$$
$$= \frac{1}{2 \times 3}(1 + 4 + 9) = \frac{14}{6} = 2.33$$

现在，我们把线轻微向上平移到 $y = 1$，则对应的代价函数的值如下所示。

$$(\theta_0, \theta_1) = (1, 0)$$

$$J(\theta_0) = \frac{1}{2 \times 3} \sum_{i=1}^{3} (1 - y^i)^2$$

$$= \frac{1}{2 \times 3} (0 + 1 + 4) = \frac{5}{6} = 0.83$$

现在，我们把线再向上平移到 $y = 2$，则对应的代价函数的值如下所示。

$$(\theta_0, \theta_1) = (2, 0)$$

$$J(\theta_0) = \frac{1}{2 \times 3} \sum_{i=1}^{3} (2 - y^i)^2$$

$$= \frac{1}{2 \times 3} (1 + 0 + 1) = \frac{2}{6} = 0.33$$

现在，我们把线再向上平移到 $y = 3$，则对应的代价函数的值如下所示。

$$(\theta_0, \theta_1) = (3, 0)$$

$$J(\theta_0) = \frac{1}{2 \times 3} \sum_{i=1}^{3} (3 - y^i)^2$$

$$= \frac{1}{2 \times 3} (4 + 1 + 0) = \frac{5}{6} = 0.83$$

现在，我们把线再向上平移到 $y = 4$，则对应的代价函数的值如下所示。

$$(\theta_0, \theta_1) = (4, 0)$$

$$J(\theta_0) = \frac{1}{2 \times 3} \sum_{i=1}^{3} (4 - y^i)^2$$

$$= \frac{1}{2 \times 3} (9 + 4 + 1) = \frac{14}{6} = 2.33$$

因此，你会发现代价函数开始是上升的，然后再下降，如图 7-3 所示。

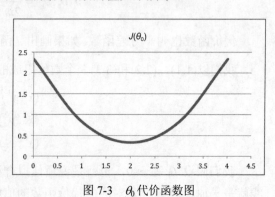

图 7-3　θ_0 代价函数图

现在我们重复同样的操作，让 θ_0 为 0，让 θ_1 等于不同的值。

第一种情况中，假设最佳拟合线就是 x 轴，即 $y = 0$。对应的代价函数的值如下所示。

$$(\theta_0, \theta_1) = (0, 0)$$

$$J(\theta_1) = \frac{1}{2 \times 3} \sum_{i=1}^{3} (y^i)^2$$

$$= \frac{1}{2 \times 3}(1 + 4 + 9) = \frac{14}{6} = 2.33$$

现在，我们使用 0.5 的斜率，则对应的代价函数的值如下所示。

$$(\theta_0, \theta_1) = (0, 0.5)$$

$$J(\theta_1) = \frac{1}{2 \times 3} \sum_{i=1}^{3} (0.5x^i - y^i)^2$$

$$= \frac{1}{2 \times 3}(0.25 + 0 + 2.25) = \frac{2.5}{6} = 0.41$$

现在，我们使用 1 的斜率，则对应的代价函数的值如下所示。

$$(\theta_0, \theta_1) = (0, 1)$$

$$J(\theta_1) = \frac{1}{2 \times 3} \sum_{i=1}^{3} (x^i - y^i)^2$$

$$= \frac{1}{2 \times 3}(0 + 0 + 0) = 0$$

现在，我们使用 1.5 的斜率，则对应的代价函数的值如下所示。

$$(\theta_0, \theta_1) = (0, 1.5)$$

$$J(\theta_1) = \frac{1}{2 \times 3} \sum_{i=1}^{3} (1.5x^i - y^i)^2$$

$$= \frac{1}{2 \times 3}(0.25 + 1 + 2.25) = \frac{3.5}{6} = 0.58$$

现在，我们使用 2.0 的斜率，则对应的代价函数的值如下所示。

$$(\theta_0, \theta_1) = (0, 2.0)$$

$$J(\theta_1) = \frac{1}{2 \times 3} \sum_{i=1}^{3} (2x^i - y^i)^2$$

$$= \frac{1}{2 \times 3}(1 + 4 + 9) = \frac{14}{6} = 2.33$$

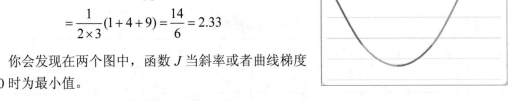

你会发现在两个图中，函数 J 当斜率或者曲线梯度为 0 时为最小值。

图 7-4 θ_1 代价函数图

当 θ_0 和 θ_1 映射到三维空间，它就像碗的形状，碗的底部就是代价函数的最小值。

这种获取最小值的方法叫梯度下降法。Spark 中的实现是随机梯度下降法。

7.4　使用 Lasso 线性回归

Lasso 是线性回归中的一种收缩和选择方法。它可最小化通常的平方差之和，绑定一个系数的绝对值之和。Lasso 的原论文地址是 `http://statweb.stanford.edu/~tibs/lasso/lasso.pdf`。

在上一教程中我们使用的最小二乘法也叫普通最小二乘法（OLS），OLS 有两个问题。

- 预测精度：OLS 做的预测通常有较低的预测偏差和较大的方差。缩小一些系数（或者甚至让它们为 0）可以提高预测精度。同时偏差会变大，但是总体预测精度会提高。

- 解释性：在有大量的预测因子时，最好找出一个影响力最强的（相关性）的子集。

偏差和方差

预测错误有两个主要原因：偏差和方差。理解偏差和误差的最好方式就是找个实际例子，对同一个数据集做多次预测。偏差是估计预测结果和真实值之间差多少；而方差是估计不同预测的预测值之间的差值。

一般地，加入更多的特征可以帮助减少偏差，这样可能容易理解些。如果在构建预测模型的时候我们遗漏了一些有显著相关性的特征，这会导致明显的错误。如果你的模型方差很大，你可以删除特征以减少方差。一个更大的数据集也可以帮助减少方差。

这里我们使用一个简单的病态数据集，表 7-2 中的病态数据集是指样例的数据大小比预测因子数量小。

表 7-2　　　　　　　　　　　　　　　　　病态数据集

y	x0	x1	x2	x3	x4	x5	x6	x7	x8
1	5	3	1	2	1	3	2	2	1
2	9	8	8	9	7	9	8	7	9

在这你可以简单地猜想，9 个预测因子中只有两个和 y 较强的相关性，即 $x0$ 和 $x1$。我们会用这个数据和 Lasso 算法来检测它的有效性。

具体步骤

1. 打开 Spark shell。

   ```
   $ spark-shell
   ```

2. 导入统计及相关类。

   ```
   scala> import org.apache.spark.mllib.linalg.Vectors
   scala> import org.apache.spark.mllib.regression.LabeledPoint
   scala> import org.apache.spark.mllib.regression.LassoWithSGD
   ```

3. 创建一个以房价作为标记的 LabeledPoint 数组。

   ```
   scala> val points = Array( LabeledPoint(1,Vectors.dense(5,3,1,2,1,3,2,2,1)),
   LabeledPoint(2,Vectors.dense(9,8,8,9,7,9,8,7,9))
   )
   ```

4. 创建之前数据的 RDD。

   ```
   scala> val rdd = sc.parallelize(points)
   ```

5. 使用数据迭代 100 次训练模型。这时步长和正则化参数已经手动设置好了。

   ```
   scala> val model = LassoWithSGD.train(rdd,100,0.02,2.0)
   ```

6. 检查有多预测因子的系数被设为 0。

   ```
   scala> model.weights
   org.apache.spark.mllib.linalg.Vector = [0.13455106581619633, 0.022407326
   44670294, 0.0,0.0,0.0,0.01360995990267153,0.0,0.0,0.0]
   ```

正如你看到的一样，9 个中有 6 个的系数被设成了 0。这是 Lasso 的主要特性：做任意它认为没有用的预测因子，它会把它们的相关系数设为 0 从而把它们从方程中删除。

7.5　使用岭回归

除了 Lasso 还有另外一个方法提高预测质量，它就是岭回归。在 Lasso 算法中，许多特征被设成 0 从而在方程式中被消除；而在岭回归中，预测因子或者特征被惩罚性地处理而不会设为 0。

具体步骤

1. 打开 Spark shell。

```
$ spark-shell
```

2. 导入统计及相关类。

```
scala> import org.apache.spark.mllib.linalg.Vectors
scala> import org.apache.spark.mllib.regression.LabeledPoint
scala> import org.apache.spark.mllib.regression.
RidgeRegressionWithSGD
```

3. 创建一个以房价作为标记的 `LabeledPoint` 数组。

```
scala> val points = Array( LabeledPoint(1,Vectors.dense(5,3,1,2,1,3,2,2,1)),
LabeledPoint(2,Vectors.dense(9,8,8,9,7,9,8,7,9))
)
```

4. 创建之前数据的 RDD。

```
scala> val rdd = sc.parallelize(points)
```

5. 使用数据迭代 100 次训练模型。这步长和正则化参数已经手动设置好了。

```
scala> val model = RidgeRegressionWithSGD.train(rdd,100,0.02,2.0)
```

6. 检查有多预测因子的系数被设为 0。

```
scala> model.weights
org.apache.spark.mllib.linalg.Vector = [0.049805969577244584,0.029
883581746346748,0.009961193915448916,0.019922387830897833,0.009961
193915448916,0.029883581746346748,0.019922387830897833,0.019922387
830897833,0.009961193915448916]
```

如你所见，和 Lasso 不一样，岭回归不会把预测因子系数设为 0，但它会让它们近似于 0。

第 8 章
监督学习之分类——MLlib

本章包括如下内容。

- 逻辑回归分类。

- 支持向量机（SVM）分类。

- 决策树分类。

- 随机森林分类。

- 梯度提升决策树（GBTs）分类。

- 朴素贝叶斯分类。

8.1 简介

分类问题很像在上一章描述的回归问题，除了输出变量 y 只取少数几个离散值。在二元分类中，y 只能取两个值：0 或 1。你也可以认为分类算法中的因变量是相应的类别。

8.2 逻辑回归分类

在分类中，因变量 y 的值是离散的而不是连续的。现实中一些分类的例子如邮件分类（垃圾邮件或非垃圾邮件）、交易检测（安全或欺诈）等。

下面的方程式中 y 变量可以取两个离散值 0 或 1。

$$y \in \{0,1\}$$

这里的 0 表示反例（negative class），1 表示正例（positive class）。虽然我们把它们叫

作为正例或者反例，但这只是为了方便的缘故。算法中这样的赋值是中性的。

虽然线性回归很适合回归任务，但对于分类任务有很多局限性的，包括：

- 拟合过程对异常值很敏感。

- 假设函数 $h(x)$ 的值域不一定会是 0（反例）到 1（正例）的范围。

逻辑回归保证 $h(x)$ 的值域是 0 到 1 之间。虽然逻辑回归中有回归这个词，但回归这个词不是很确切，因为更准备地说逻辑回归是一个分类算法。

$$1 \geqslant h(x) \geqslant 0$$

线性回归的假设函数如下所示：

$$h(x) = \theta^T x$$

逻辑回归的假设函数做了轻微地改动，如下所示：

$$h(x) = g(\theta^T x)$$

函数 g 叫 s 型函数或者逻辑函数，定义如下，对于实数 t 有：

$$g(t) = \frac{1}{1 + e^{-t}}$$

s 型函数图形如图 8-1 所示。

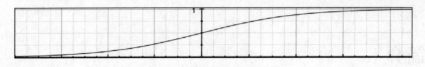

图 8-1　s 型函数

正如你看到的一样，当 t 趋近于负无穷时 $g(t)$ 趋近于 0，当 t 趋近于正无穷时 $g(t)$ 趋近于 1。这样就保证了假设函数值域不会超出 0 到 1 的范围。

现在假设波函数可以改写成：

$$h(x) = \frac{1}{1 + e^{-\theta^T x}}$$

$h(x)$ 是对于预测值 x 当 $y = 1$ 的估计概率，所以 $h(x)$ 也可以改写成：

$$h(x) = P(y = 1 | x; \theta)$$

换言之，假设函数描述了被 θ 参数化的特征矩阵 x 在 y 等于 1 时的概率。概率可以是 0 到 1 之间的任意实数，但我们分类的目的并不允许有连续的值；我们有 0 或 1 表达反例或者正例。

比如我们预测 $y = 1$，如果 $h(x) \geqslant 0.5$ 否则 $y = 0$。如果再看看图 8-1 的 s 型函数图，你会发现当 $t \geqslant 0$ 时，s 型函数 $\geqslant 0.5$，也就是说对于任意正数 t，它都会预测正例。

因为 $h(x) = g(\theta^T x)$，这就意味着对于 $\theta^T x \geqslant 0$ 就会预测正例。为了更好描述，我们把它展开成二维的非矩阵形式。

$$\theta^T x \geqslant 0$$

$$\theta_0 x_0 + \theta_1 x_1 + \theta_2 x_2 \geqslant 0$$

方程 $\theta_0 x_0 + \theta_1 x_1 + \theta_2 x_2 = 0$ 代表的平面将决定给定的向量是属于正例还是反例。这条线叫作决策边界，这个边界不是必须线性依赖于训练集。如果训练集不是线性边界分隔的，会加入更高级的多项式特征便于表示它。比如可以增加两个新的特征 x1 和 x2 的平方，如下所示。

$$h(x) = \theta_0 x_0 + \theta_1 x_1 + \theta_2 x_2 + \theta_3 x_1^2 + \theta_4 x_2^2$$

需要注意的是，对于学习算法，下面的方程式是等效的。

$$h(x) = \theta_0 x_0 + \theta_1 x_1 + \theta_2 x_2 + \theta_3 x_3 + \theta_4 x_4$$

学习算法会把引入的多项式当成另一个特征。这会在拟合过程中给你强大的力量。这也就意味着任意复杂的决策边界都可以通过正确地选择多项式和参数来实现。

让我们花些时间去明白如何选择合适的参数值，就像我们之前在线性回归做的一样。线性回归的代价函数 J 如下。

$$J(\theta_0, \theta_1) = \frac{1}{2m} \sum_{i=1}^{m} (h(x^i) - y^i)^2$$

如你所知，我们要计算代价函数的平均值，代价项表示如下。

$$Cost(h(x^i) - y^i) = \frac{(h(x^i) - y^i)^2}{2}$$

$$J(\theta_0, \theta_1) = \frac{1}{m} \sum_{i=1}^{m} Cost(h(x^i) - y^i)$$

换言之，代价项就是算法必须付出的代价，如果它为真正的因变量 y 预测 $h(x)$。

$$Cost(h(x) - y) = \frac{(h(x) - y)^2}{2}$$

这个代价计算方法很适合线性回归，但是对于逻辑回归，代价函数是非凸性的（也就是说它有多个局部最小值），我们需要找到一个更好的凸性方法去估计代价。

适合逻辑回归的代价函数如下所示。

$$Cost(h(x), y) = -\log(h(x))/\ /对于正例$$

$$Cost(h(x), y) = -\log(1-h(x))/\ /对于反例$$

把两个代价函数结合起来如下所示。

$$Cost(h(x), y) = -y\log(h(x)) - (1-y)\log(1-h(x))$$

把代价函数带入 J，如下所示。

$$J(\theta) = -\frac{1}{m}\sum_{i=1}^{m}(y^i \log h(x^i) + (1-y^i)\log(1-h(x^i)))$$

我们的目标是让代价（Cost）最小化，也就是最小化 $J(\theta)$ 的值，这可以使用梯度下降算法实现。Spark 有两个支持逻辑回归的类。

- `LogisticRegressionWithSGD`

- `LogisticRegressionWithLBFGS`

优先选择 `LogisticRegressionWithLBFGS`，因为它消除了步长优化的步骤。

8.2.1　准备工作

2006 年 Suzuki、Tsurusaki 和 Kodama 对日本不同沙滩上濒危穴居蜘蛛的分布做了一些研究（https://www.jstage.jst. go.jp/article/asjaa/55/2/55_2_79/_pdf）。

我们来看看关于蜘蛛的粒度大小和现存状态的数据，如表 8-1 所示。

表 8-1　　　　　　　　　　　　　　　　　蜘蛛数据

粒度大小（mm）	蜘蛛现状
0.245	消失
0.247	消失
0.285	存在
0.299	存在
0.327	存在
0.347	存在
0.356	消失
0.36	存在
0.363	消失

续表

粒度大小（mm）	蜘蛛现状
0.364	存在
0.398	消失
0.4	存在
0.409	消失
0.421	存在
0.432	消失
0.473	存在
0.509	存在
0.529	存在
0.561	消失
0.569	消失
0.594	存在
0.638	存在
0.656	存在
0.816	存在
0.853	存在
0.938	存在
1.036	存在
1.045	存在

我们会用这些数据训练算法，其中 0 表示消失，1 表示存在。

8.2.2 具体步骤

1. 启动 Spark shell。

   ```
   $ spark-shell
   ```

2. 导入统计及相关类。

   ```
   scala> import org.apache.spark.mllib.linalg.Vectors
   scala> import org.apache.spark.mllib.regression.LabeledPoint
   scala> import org.apache.spark.mllib.classification.
   LogisticRegressionWithLBFGS
   ```

3. 以蜘蛛的存在或消失作为标记创建一个 `LabeledPoint` 数组。

```scala
scala> val points = Array(
LabeledPoint(0.0,Vectors.dense(0.245)),
LabeledPoint(0.0,Vectors.dense (0.247)),
LabeledPoint(1.0,Vectors.dense(0.285)),
LabeledPoint(1.0,Vectors.dense (0.299)),
LabeledPoint(1.0,Vectors.dense(0.327)),
LabeledPoint(1.0,Vectors.dense (0.347)),
LabeledPoint(0.0,Vectors.dense(0.356)),
LabeledPoint(1.0,Vectors.dense(0.36)),
LabeledPoint(0.0,Vectors.dense(0.363)),
LabeledPoint(1.0,Vectors.dense (0.364)),
LabeledPoint(0.0,Vectors.dense(0.398)),
LabeledPoint(1.0,Vectors.dense(0.4)),
LabeledPoint(0.0,Vectors.dense(0.409)),
LabeledPoint(1.0,Vectors.dense (0.421)),
LabeledPoint(0.0,Vectors.dense(0.432)),
LabeledPoint(1.0,Vectors.dense (0.473)),
LabeledPoint(1.0,Vectors.dense(0.509)),
LabeledPoint(1.0,Vectors.dense (0.529)),
LabeledPoint(0.0,Vectors.dense(0.561)),
LabeledPoint(0.0,Vectors.dense (0.569)),
LabeledPoint(1.0,Vectors.dense(0.594)),
LabeledPoint(1.0,Vectors.dense (0.638)),
LabeledPoint(1.0,Vectors.dense(0.656)),
LabeledPoint(1.0,Vectors.dense(0.816)),
LabeledPoint(1.0,Vectors.dense (0.853)),
LabeledPoint(1.0,Vectors.dense (0.938)),
LabeledPoint(1.0,Vectors.dense(1.036)),
LabeledPoint(1.0,Vectors.dense (1.045)))
```

4. 创建之前数据的 RDD。

```scala
scala> val spiderRDD = sc.parallelize(points)
```

5. 使用数据训练模型（当所有预测值为 0 的时候，拦截是有意义的）。

```scala
scala> val lr = new LogisticRegressionWithLBFGS().setIntercept(true)
scala> val model = lr.run(spiderRDD)
```

6. 预测 `0.938` 尺度的蜘蛛的现状。

```scala
scala> val predict = model.predict(Vectors.dense(0.938))
```

8.3　支持向量机二元分类

分类是基于效用把数据分成不同类型的技术。例如电子商务公司把潜在客户打上"会购买"和"不会购买"的标签。

分类通过给机器学习算法提供一些已经标记好的数据来实现，这一过程叫训练数据。而其中的挑战是如何标记两个类之间的边界，以图 8-2 中所示为例。

在图 8-2 的例子中，我们用灰色和黑色分别表示"不会购买"和"会购买"的标签。现在我们可以很容易的在两个类中间画出一条线，如图 8-3 中所示。

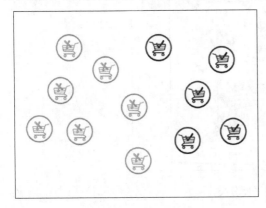

图 8-2　二元数据

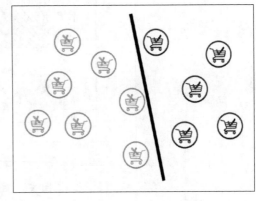

图 8-3　分类二元数据

这就是我们能做的最好程度吗？不见得，让我们试试更好的方法。黑色的分类器和"会购买"和"不会购买"的购物车不是等间距的。让我们试一下更好的方法，如图 8-4 所示。

现在看上去好多了。这事实上就是支持向量机算法做的事情。在图 8-4 中你可以观察到其实只有 3 个购物车决定了这条线的斜率——线上面的两个黑色购物车和线下面的一个灰色购物车。这些购物车叫作支持向量，其他购物车是无关向量。

有时候画一条直线来两个类别并不容易，需要画条曲线，如图 8-5 所示。

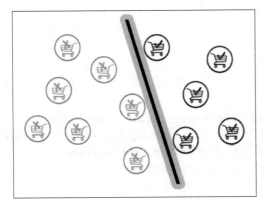

图 8-4　等距分类二元数据

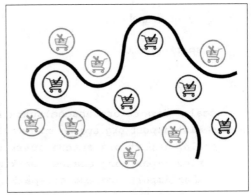

图 8-5　曲线分类

有时候即使这样做也是不够的。在图 8-6 这个例子中，我们需要二维以上的方法解决问题，这时需要的是一个超平面而不是一条分类线。每当数据太混乱时，加入额外的维度可以帮助找出分类的超平面，如图 8-6 所示。

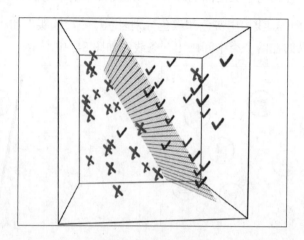

图 8-6　超平面分类

这并不意味着加入额外的维度总是好的。大多数情况，我们的目标是减少维度并仅保留相关的维度或特征。有一整套专门降维的算法集，我们会在后面的章节介绍。

具体步骤

1. Spark 的库包括 libsvm 的样例数据，使用这些数据并把它加载到 HDFS。

```
$ hdfs dfs -put /opt/infoobjects/spark/data/mllib/sample_libsvm_data.txt
/user/hduser/sample_libsvm_data.txt
```

2. 启动 Spark shell。

```
$ spark-shell
```

3. 导入需要的包。

```
scala> import org.apache.spark.mllib.classification.SVMWithSGD
scala> import org.apache.spark.mllib.evaluation.BinaryClassificationMetrics
scala> import org.apache.spark.mllib.regression.LabeledPoint
scala> import org.apache.spark.mllib.linalg.Vectors
scala> import org.apache.spark.mllib.util.MLUtils
```

4. 把数据加载成 RDD。

```
scala> val svmData = MLUtils.loadLibSVMFile(sc,"sample_libsvm_data.txt")
```

5. 计算记录的数目。

```
scala> svmData.count
```

6. 现在我们把数据集分成两半，一半训练数据和一半测试数据。

```
scala> val trainingAndTest = svmData.randomSplit(Array(0.5,0.5))
```

7. 给训练数据和测试数据赋值。

```
scala> val trainingData = trainingAndTest(0)
scala> val testData = trainingAndTest(1)
```

8. 训练算法并经过 100 次迭代构建模型（你可选择不同的迭代次数，但你会发现在某种意义上 100 次迭代是一个不错的选择而且结果开始收敛）。

```
scala> val model = SVMWithSGD.train(trainingData,100)
```

9. 现在我们用这个模型去为任意数据集预测标签。让我们为测试数据中的第一个点测试标签。

```
scala> val label = model.predict(testData.first.features)
```

10. 让我们创建一个元组，其中第一个元素是测试数据的预测标签，第二个元素是实际的标签，这可以帮助我们计算我们算法的准确性。

```
scala> val predictionsAndLabels = testData.map( r => (model.predict(r.
features), r.label))
```

11. 你可以计算有多少预测标签和实际标签不匹配的记录。（译者注：对于监督学习的分类算法，可以用准确率、召回率、混淆矩阵等指标来衡量算法预测结果的好坏。）

```
scala> predictionsAndLabels.filter(p => p._1 != p._2).count
```

8.4 决策树分类

决策树是机器学习算法里面最直观的，我们日常生活中就经常会使用决策树。

决策树算法有很多有用的特点。

- 容易理解和解释。

- 对分类离散的和连续的特征都适用。

- 对特征缺失也适用。

- 不需要特征缩放。

决策树以倒置的顺序运行，其中在决策树的每一层会计算出包含特征的表达式并把数据分成两类。我们会用一个学校里很多人玩过的简单游戏来帮助你理解。我猜想了一个动物然后让我的小伙伴问我一些问题来算出我选的动物是什么。下面是她的提问过程。

Q1：是大型动物吗？

A：是的。

Q2：这个动物寿命超过 40 年吗？

A：是的。

Q3：这个动物是大象吗？

A：是的。

这是一个过于简单化的例子，她知道了我假设的是一头大象（在大数据的世界里会猜些什么东西呢）。让我们扩展一下这个例子，把更多的动物加进来，如图 8-7 所示。

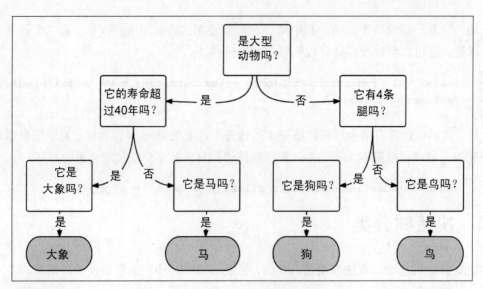

图 8-7 更多动物

上面是一个多类型分类的例子。在这个教程里，我们会主要关注二元分类。

8.4.1 准备工作

每当我的儿子早上要上网球的前一天晚上，教练会查看一下天气预报并决定第二天早上是否适合打网球。这个教程我们会使用这个例子去构建一个决策树。

我们判断这些天气特征是否影响明天早上打网球。

- 下雨
- 风速
- 温度

我们给不同的组合建一个表，如果如表 8-2 所示。

表 8-2 天气与打球

下雨	风大	温度	是否打网球？
是	是	热	否
是	是	正常	否
是	是	冷	否
否	是	热	否
否	是	冷	否
否	否	热	是
否	否	正常	是
否	否	冷	否

现在我们如何构建一个决策树呢？我们可以从 3 个特征中的一个开始：下雨、风大或温度。选择从哪个特征开始的原则就是尽可能让信息增益最大化。

正如你看到的一样，下雨天不论其他特征如何都不会打网球。同样对风速很大也成立。

像其他算法一样，由于决策树的特征值是双精度类型，因此我们做如下映射。

下雨{是，否} => {2.0,1.0}
风大{是，否} => {2.0,1.0}
温度{高，正常,冷} => {3.0,2.0,1.0}

1.0 代表正例，而 0.0 代表反例。让我们加载 CSV 格式的数据，用第一个值表示标签。

```
$vi tennis.csv
0.0,1.0,1.0,2.0
0.0,1.0,1.0,1.0
0.0,1.0,1.0,0.0
0.0,0.0,1.0,2.0
0.0,0.0,1.0,0.0
1.0,0.0,0.0,2.0
1.0,0.0,0.0,1.0
0.0,0.0,0.0,0.0
```

8.4.2   具体步骤

1. 启动 Spark shell。

```
$ spark-shell
```

2. 导入需要的类。

```
scala> import org.apache.spark.mllib.tree.DecisionTree
scala> import org.apache.spark.mllib.regression.LabeledPoint
scala> import org.apache.spark.mllib.linalg.Vectors
scala> import org.apache.spark.mllib.tree.configuration.Algo._
scala> import org.apache.spark.mllib.tree.impurity.Entropy
```

3. 加载文件。

```
scala> val data = sc.textFile("tennis.csv")
```

4. 解析数据并把它加载到 LabeledPoint。

```
scala> val parsedData = data.map {line => val parts = line.split(',') .map
(_.toDouble) LabeledPoint(parts(0), Vectors.dense(parts.tail)) }
```

5. 用这些数据训练算法。

```
scala> val model = DecisionTree.train(parsedData, Classification,Entropy, 3)
```

6. 创建一个向量表示无雨、风大、低温。

```
scala> val v=Vectors.dense(0.0,1.0,0.0)
```

7. 预测是否打网球。

```
scala> model.predict(v)
```

8.4.3 工作原理

让我们把本教程的网球决策树画出来，如图 8-8 所示。

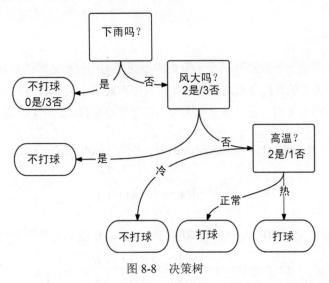

图 8-8 决策树

该模型是深度为 3 的树。属性的选取取决于我们如何让信息增益最大化。衡量的方法是通过分支的纯度判断的。纯度意味着决定性是否提高，所给数据会被判断为正例还是反例。在这个例子中，这等价于玩的可能性在提升或者不能玩的可能性在提升。

纯度是用熵来衡量的。熵是对一个系统的随机程度的衡量。这里上下文中，把它理解成不确定性的衡量标准更容易。

$$Entropy\ (S) = -p_+\log_2 p_+ - p_-\log_2 p_-$$

纯度的最高级是 0，最低级是 1。我们用这个公式来判断纯度。

当下雨时，打网球的概率 $p+$ 是 0/3 = 0。不打网球的概率 $p\_$ 是 3/3 = 1。

$$Entropy(S)=-0-1\log 1=0$$

这是一个纯的集合。

当不下雨时，打网球的概率 $p+$ 是 2/5 = 0.4。不打网球的概率 $p\_$ 是 3/5 = 0.6。

$$Entropy\ (S) = -0.4\log_2 0.4 - 0.6\log_2 0.6$$
$$= -0.4\times(-1.32)-0.6\times(-0.736)$$
$$= 0.528 + 0.4416 = 0.967$$

这基本上是一个不纯的集合。最不纯的情况的概率是 0.5。

Spark 使用 3 种方法来判断不纯度。

- 基尼不纯度（分类）。

- 熵（分类）。

- 方差（回归）。

信息增益是父节点的不纯度和两个子节点的不纯度的加权和之间的差异。让我们看看第一个分支，它把大小为 8 的数据分成两个数据集，其中左边大小为 3 右边大小 5。我们把第一个分支叫作 s1，父节点是下雨，左子节点是无雨，右子节点是风大。所以信息增益如下所示。

$$IG(\text{rain},s1)= Impurity(\text{rain})-\left(\frac{N_{\text{no rain}}}{N_{\text{rain}}}\right)Impurity(\text{no rain})$$
$$-\left(\frac{N_{\text{wind}}}{N_{\text{rain}}}\right)Impurity(\text{wind})$$

就像我们之前给无雨和风大计算不纯度的熵一样，让我们也为下雨计算一下熵。

$$Entropy(\text{rain}) = -\left(\frac{2}{8}\right)\log_2\left(\frac{2}{8}\right)-\left(\frac{6}{8}\right)\log_2\left(\frac{6}{8}\right)$$
$$= -\left(\frac{1}{4}\right)(-2)-\left(\frac{3}{4}\right)\times(-0.41)$$
$$= 0.8$$

现在我们计算一下信息增益。

$$IG(\text{rain},s1)= Impurity(\text{rain})-\left(\frac{N_{\text{norain}}}{N_{\text{rain}}}\right)Impurity(\text{no rain})$$
$$-\left(\frac{N_{\text{wind}}}{N_{\text{rain}}}\right)Impurity(\text{wind})$$
$$=0.8-\left(\frac{5}{8}\right)\times0.967$$
$$= 0.2$$

所以第一个分支的信息增益是 0.2。难道这就是所能获得的最好结果吗？让我们看看算法都能得到什么。首先，我们找出树的深度。

```
scala> model.depth
Int = 2
```

相比我们凭直觉建立的模型深度为 3，这里模型的深度为 2，所以看上去更加优化。我们看看树的结构。

```
scala> model.toDebugString
String = "DecisionTreeModel classifier of depth 2 with 5 nodes
If (feature 1 <= 0.0)
    If (feature 2 <= 0.0)
        Predict: 0.0
    Else (feature 2 > 0.0)
        Predict: 1.0
Else (feature 1 > 0.0)
        Predict: 0.0
```

我们把它直观地建立出来以便于更好地理解，如图 8-9 所示。

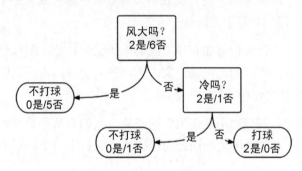

图 8-9　优化过的决策树

我们这里不会深入细节，因为我们已经在之前的模型中已经这样做了。我们会直接计算信息增益：0.44。

正如这个案例中你看的，信息增益是 0.44，它是第一个模型的两倍之多。

如果你看第二层的节点，不纯度为 0。这个案例中，这个结果很赞，因为这是我们在深度为 2 的模型上得出的。想象这样一个场景，其深度为 50。这个案例中，决策树对训练数据的分类效果很好，但对测试数据的分类效果不佳。这种情况我们称之为过拟合（overfitting）。

避免过拟合的一个解决方案是剪枝。把训练数据分成两部分：训练数据集和验证数据集。你用训练数据集训练模型。现在通过缓慢地删除左边的节点用验证数据集来测试模型。如果删除叶节点（大多是一个单例，也就是说它只包含一个数据点）可以提高模型效率，这个叶节点就从模型中被修剪了。

8.5 随机森林分类

有时候一个决策树不够，所以需要一组决策树去产生更强大的模型。这些算法叫作整体学习算法。整体学习算法并不局限于使用决策树算法作为基础模型。

整体学习算法中最流行的就是随机森林算法。在随机森林算法中是训练 K 个树，而不是单独一个树。会随机分配训练数据的子集 S 给每一个树。为了增加变数，每个树只使用特征的子集。当需要做预测时，树之间会做出多数投票从而完成预测。

我们举一个例子来说明。目的是给一个人预测他（她）是否拥有良好的信用。

为了完成预测，我们会提供标记的训练数据，在这个例子中就是关于一个人的特征和他（她）是否有良好信用的标记。我们不想产生特征偏差，所以我们会随机选取一组特征。随机选取特征的另一个原因是因为现实世界中大多数数据都有成百上千的特征。比如文本识别算法中通常有 5 万到 10 万个特征。

在这个案例中，为了让事情更加有趣，我们不会提供特征，但我们会问不同的人为什么有良好的信用或者不良的信用。根据定义，不同的人会暴露出不同的特征（有时候会重叠），这和随机选取特征的作用一样。

我们的第一个例子是拥有"不良信用"的杰克。我们会从乔伊开始，乔伊在杰克最喜欢的大象酒吧工作。问是或者不是的问题是推断为什么打上一个标记的唯一的方法。我们看看乔伊说了什么。

Q1：杰克给小费大方吗？（特征：慷慨）

A：不会。

Q2：杰克每次都会消费至少 60 美元吗？（特征：挥霍）

A：是的。

Q3：他有在酒吧打架的倾向吗，即使是很小的挑衅？（特征：情绪不稳定）

A：是的。

这解释了为什么杰克有不良信用。

现在我们来问问杰克的女朋友史黛丝。

Q1：你们一起出去玩的时候，杰克总是会买单吗？（特征：慷慨）

A：不会。

Q2：杰克还了他欠你的 500 美元了吗？（特征：责任感）

A：没有。

Q3：他有时候过度消费只是为了炫耀吗？（特征：挥霍）

A：是的。

这解释了为什么杰克有不良信用。

现在我们来问问杰克的好朋友乔治。

Q1：杰克和你一起在你的公寓玩的时候，他会自己打扫吗？（特征：有条理）

A：不会。

Q2：杰克是两手空空的来参加你的超级碗聚餐吗？（特征：爱心）

A：是的。

Q3：在餐饮的时候他有没有对你用"我钱包忘家里了"的借口来逃脱他的账单？（特征：责任感）

A：有。

这解释了为什么杰克有不良信用。

现在来聊一下有良好信用的杰西卡。我们问问杰西卡的姐妹史黛丝。

Q1：每当你缺钱的时候，杰西卡都会提供帮助吗？（特征：慷慨）

A：是的。

Q2：杰西卡会准时支付她的账单吗？（特征：责任感）

A：是的。

Q3：杰西卡会临时照顾你的小孩吗？（特征：爱心）

A：是的。

这解释了为什么杰西卡有良好的信用。

现在我们来问问杰西卡的丈夫乔治。

Q1：杰西卡会保持房间整洁吗？（特征：有条理）

A：是的。

Q2：她会期待昂贵的礼物吗？（特征：挥霍）

A：不会。

Q3：当你忘记修剪草坪时她会生气吗？（特征：情绪不稳定）

A：不会。

这解释了为什么杰西卡有良好的信用。

现在我们来问一下大象酒吧的酒保乔伊。

Q1：每次她和朋友一起来酒吧时，代驾司机大多数情况是她吗？（特征：责任感）

A：是的。

Q2：她总是把剩饭剩菜打包回家吗？（特征：挥霍）

A：是的。

Q3：她给小费大方吗？（特征：慷慨）

A：是的。

随机森林的工作方式是，它会在两个层次上做随机选择：

- 数据子集

- 分割数据的特征子集

两部分子集可以重叠。

在我们的例子中，我们拥有 6 个特征，并且会给每个树分配 3 个特征。这样我们很有可能会有重叠。

我们添加另外 8 个人的信息到我们的训练数据集里，如表 8-3 所示。

表 8-3　　　　　　　　　　　　　8 人的具体信息

姓名	标记	慷慨	责任感	爱心	条理性	挥霍	易怒
杰克	0	0	0	0	0	1	1
杰西卡	1	1	1	1	1	0	0
珍妮	0	0	0	1	0	1	1
瑞克	1	1	1	0	1	0	0

续表

姓名	标记	慷慨	责任感	爱心	条理性	挥霍	易怒
帕特	0	0	0	0	0	1	1
杰布	1	1	1	1	0	0	0
杰伊	1	0	1	1	1	0	0
纳特	0	1	0	0	0	1	1
罗恩	1	0	1	1	1	0	0
麦特	0	1	0	0	0	1	1

8.5.1 准备工作

把我们生成的数据用 libsvm 格式存放进下面的文件中。

```
rf_libsvm_data.txt
0 5:1 6:1
1 1:1 2:1 3:1 4:1
0 3:1 5:1 6:1
1 1:1 2:1 4:1
0 5:1 6:1
1 1:1 2:1 3:1 4:1
0 1:1 5:1 6:1
1 2:1 3:1 4:1
0 1:1 5:1 6:1
```

现在把它上传到 HDFS。

```
$ hdfs dfs -put rf_libsvm_data.txt
```

8.5.2 具体步骤

1. 启动 Spark shell。

   ```
   $ spark-shell
   ```

2. 导入相关类。

   ```
   scala> import org.apache.spark.mllib.tree.RandomForest
   scala> import org.apache.spark.mllib.tree.configuration.Strategy
   scala> import org.apache.spark.mllib.util.MLUtils
   ```

3. 加载并解析数据。

```scala
scala> val data =MLUtils.loadLibSVMFile(sc, "rf_libsvm_data.txt")
```

4. 把数据分成训练和测试数据集。

```scala
scala> val splits = data.randomSplit(Array(0.7, 0.3))
scala> val (trainingData, testData) = (splits(0), splits(1))
```

5. 创建一个分类的树策略（随机森林也支持回归）。

```scala
scala> val treeStrategy = Strategy.defaultStrategy("Classification")
```

6. 训练模型。

```scala
scala> val model = RandomForest.trainClassifier(trainingData,treeStrategy,
numTrees=3, featureSubsetStrategy="auto", seed =12345)
```

7. 基于测试实例评估模型并计算测试错误。

```scala
scala> val testErr = testData.map{ point => val prediction = model.predict
(point.features)if (point.label == prediction) 1.0 else 0.0}.mean()
scala> println("Test Error = " + testErr)
```

8. 检查模型。

```scala
scala> println("Learned Random Forest:n" + model.toDebugString)Learned
Random Forest:nTreeEnsembleModel classifier with 3 trees
    Tree 0:
    If (feature 5 <= 0.0)
      Predict: 1.0
    Else (feature 5 > 0.0)
      Predict: 0.0
      Tree 1:
        If (feature 3 <= 0.0)
        Predict: 0.0
    Else (feature 3 > 0.0)
      Predict: 1.0
    Tree 2:
      If (feature 0 <= 0.0)
        Predict: 0.0
    Else (feature 0 > 0.0)
      Predict: 1.0
```

8.5.3　工作原理

正如你在这个小的案例中看到的，3 个树使用的是不同的特征。在现实世界中这是不会发生的，实际案例中都是有上千个特征和训练数据的，但大多数的树在如何看待不同特性的时候会有不同表现，多数人的投票结果会胜出。

8.6　梯度提升树（GBTs）分类

另一个集成学习算法是梯度提升决策树（GBTs）。GBTs 一次训练一个树，其中每个新的树会基于之前训练过树的缺点来改进算法。

因为每次只训练一个树，GBTs 会比随机森林花更多的时间。

8.6.1　准备工作

我们会使用上一次教程中一样的数据。

8.6.2　具体步骤

1. 启动 Spark shell。

   ```
   $ spark-shell
   ```

2. 导入相关类。

   ```scala
   scala> import org.apache.spark.mllib.tree.GradientBoostedTrees
   scala> import org.apache.spark.mllib.tree.configuration.BoostingStrategy
   scala> import org.apache.spark.mllib.util.MLUtils
   ```

3. 加载并解析数据。

   ```scala
   scala> val data =MLUtils.loadLibSVMFile(sc, "rf_libsvm_data.txt")
   ```

4. 把数据分成训练和测试数据集。

   ```scala
   scala> val splits = data.randomSplit(Array(0.7, 0.3))
   scala> val (trainingData, testData) = (splits(0), splits(1))
   ```

5. 创建一个分类的提升策略并设置迭代的次数为 3。

   ```scala
   scala> val boostingStrategy =
     BoostingStrategy.defaultParams("Classification")
   scala> boostingStrategy.numIterations = 3
   ```

6. 训练模型。

```scala
scala> val model = GradientBoostedTrees.train(trainingData,boostingStrategy)
```

7. 基于测试实例评估模型并计算测试错误。

```scala
scala> val testErr = testData.map{ point =>
  val prediction = model.predict(point.features)
  if (point.label == prediction) 1.0 else 0.0
}.mean()
scala> println("Test Error = " + testErr)
```

8. 检查模型。

```scala
scala> println("Learned Random Forest:n" + model.toDebugString)
```

在这个案例中，模型的准确率是 0.9，低于随机树中的结果。

8.7 朴素贝叶斯分类

我们来考虑一下，如何使用机器学习来构建一个电子垃圾邮件过滤器。在此，我们对两种分类感兴趣——来路不明的垃圾邮件和常规的非垃圾邮件。

$$y \in \{0,1\}$$

第一个挑战是，当给定一个电子邮件时，我们如何表示成特征向量 x。一封邮件只是一堆文本或单词的集合（这样这个问题域就落在一个更大的文本分类的范畴中）。我们将一封邮件表示成一个和词典长度一样的特征向量。如果词典中的某个单词出现在邮件中，数值置为 1；否则为 0。我们建一个向量来表示一封内容为线上药品销售的电子邮件。

$$x = \begin{bmatrix} 0 \\ 0 \\ \cdots \\ 1 \\ \cdots \\ 1 \\ \cdots \\ 1 \\ \cdots \end{bmatrix} \begin{matrix} a \\ aard-vark \\ \cdots \\ online \\ \cdots \\ pharmacy \\ \cdots \\ sale \\ \cdots \end{matrix}$$

特征向量中字典里的单词被称为"词汇"，向量的维度和词汇量的大小一样。如果词汇量的大小是 10000，这个向量中可能的数值便是 10000（译者注：原书有误是 21000）。

我们的目的是对在 y 的前提下 x 的概率构建模型。为了给 $P(x|y)$ 建模，我们会做一个强假设，即 x 是条件独立的。这个假设叫作朴素贝叶斯假设，基于这样假设的算法被称为贝叶斯分类器。

比如，对于 $y=1$ 表示垃圾邮件，出现"线上"和出现"药品"的概率是独立的。这是一个和事实无关的强假设，但它的预测效果确实很好。

8.7.1 准备工作

Spark 自带了一个样本数据集可用于朴素贝叶斯分析，我们把数据集导入 HDFS。

```
$ hdfs dfs -put /opt/infoobjects/spark/data/mllib/sample_naive_bayes_data.txt
 sample_naive_bayes_data.txt
```

8.7.2 具体步骤

1. 启动 Spark shell。

   ```
   $ spark-shell
   ```

2. 导入相关类。

   ```
   scala> import org.apache.spark.mllib.classification.NaiveBayes
   scala> import org.apache.spark.mllib.linalg.Vectors
   scala> import org.apache.spark.mllib.regression.LabeledPoint
   ```

3. 将数据载入 RDD。

   ```
   scala> val data = sc.textFile("sample_naive_bayes_data.txt")
   ```

4. 将数据解析为 LabeledPoint。

   ```
   scala> val parsedData = data.map{ line =>
     val parts = line.split(',')
     LabeledPoint(parts(0).toDouble, Vectors.dense(parts(1).split('
   ').map(_.toDouble)))
   }
   ```

5. 把数据分成两半，分别为训练和测试数据集。

   ```
   scala> val splits = parsedData.randomSplit(Array(0.5, 0.5), seed = 11L)
   scala> val training = splits(0)
   scala> val test = splits(1)
   ```

6. 用训练数据集训练模型。

```
val model = NaiveBayes.train(training, lambda = 1.0)
```

7. 预测测试数据集的标记。

```
val predictionAndLabel = test.map(p => (model.predict(p.features),p.label))
```

第 9 章
无监督学习——MLlib

这一章主要讲述如何使用 Spark 的机器学习库 MLlib 进行无监督学习。

本章包括如下内容。

- 使用 k-means 聚类。

- 主成分分析降维。

- 奇异值分解降维。

9.1　简介

无监督学习的维基百科定义如下。

"在机器学习中，无监督学习的问题是，在无标记的数据中，试图找到隐藏的结构。"

与监督学习用标记好的数据去训练算法相反，无监督学习让算法自己去找出内部结构。让我们看看下面的样本数据，如图 9-1 所示。

如图 9-2 所示，这些数据点组成了两个簇。

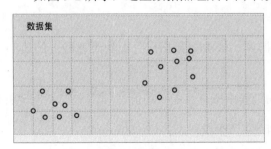

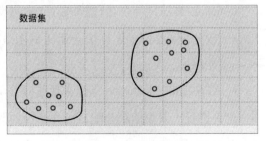

图 9-1　样本数据　　　　　　　　　　图 9-2　分簇样本数据

事实上，聚类是最常见的无监督学习算法。

9.2　使用 k-means 聚类

聚类分析或者聚类算法是把数据划分成多个组，其中一个组的数据与其他组的数据相似。

下面是一些聚类算法的用例。

- 市场划分：把目标市场划分成多个区域，这样能为每个区域市场提供更好的服务。

- 社交网络分析：通过像脸书这样的社交网络找到目标广告的族群。

- 数据中心计算集群：把一堆计算机放在一起提高性能。

- 天文数据分析：理解天文数据和事件，比如银河系的组成。

- 房地产：基于相似的特征识别社区。

- 文本分析：把文章分成像小说或者论文的体裁。

k-means 算法最好用图像说明，那让我们再看一遍样本图，如图 9-3 所示。

k-means 的第一步是随机选取两个簇的质心，如图 9-4 所示。

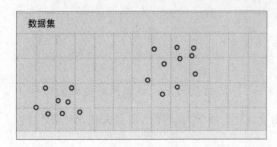
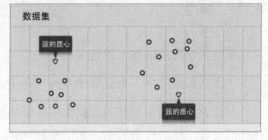

图 9-3　样本数据　　　　　　　　　　　图 9-4　选取质心

k-means 算法是一个迭代算法，分成两步。

- 簇分配：k-means 算法会遍历每个数据点，依次把数据点分配到距离最近的质心和簇。

- 移动质心：k-means 算法会把质心移动到簇中所有点的平均值。

让我们看一下数据簇分配后的样子，如图 9-5 所示。

如图 9-6 所示，现在让我们把簇的质心移到簇中所有数据点的平均值。

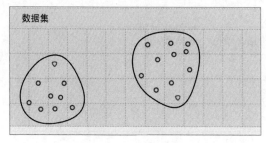

图 9-5 分配数据簇

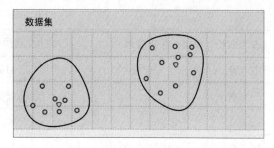

图 9-6 移动质心

在这个实例中，一次迭代就足够了，更多的迭代也不会移动簇的质心。对于大多数真实的数据，为了把质心移动到最终的位置，多次迭代是必要的。

K-means 算法把多个簇作为输入。

9.2.1 准备工作

这里，我们使用加州萨拉托加市的房屋数据，选取占地面积（包括前后院）和房屋价格形成表 9-1。

表 9-1　　　　　　　　　　　　　　　　　　房屋数据

占地面积（单位：平方英尺）	房屋价格（单位：千美元）
12 839	2 405
10 000	2 200
8 040	1 400
13 104	1 800
10 000	2 351
3 049	795
38 768	2 725
16 250	2 150
43 026	2 724
44 431	2 675
40 000	2 930
1 260	870
15 000	2 210
10 032	1 145

续表

占地面积（单位：平方英尺）	房屋价格（单位：千美元）
12 420	2 419
69 696	2 750
12 600	2 035
10 240	1 150
876	665
8 125	1 430
11 792	1 920
1 512	1 230
1 276	975
67 518	2 400
9 810	1 725
6 324	2 300
12 510	1 700
15 616	1 915
15 476	2 278
13 390	2 497.5
1 158	725
2 000	870
2 614	730
13 433	2 050
12 500	3 330
15 750	1 120
13 996	4 100
10 450	1 655
7 500	1 550
12 125	2 100

续表

占地面积（单位：平方英尺）	房屋价格（单位：千美元）
14 500	2 100
10 000	1 175
10 019	2 047.5
48 787	3 998
53 579	2 688
10 788	2 251
11 865	1 906

让我们把数据转换成逗号分隔值（CSV）文件 saratoga.csv，并把它画成散点图，如图 9-7 所示。

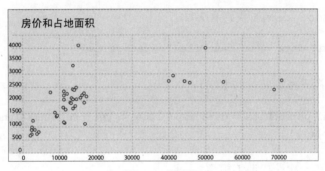

图 9-7　散点图

找出簇的数量是一个复杂的事情。对于这个例子，我们可以利用视觉观察，但这并不适应超平面的数量（超过 3 个维度）。我们粗略地把数据分成 4 个簇，如图 9-8 所示。

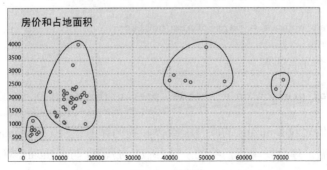

图 9-8　分簇

我们会用 k-means 算法去做同样的事情，看一下结果如何接近。

9.2.2　具体步骤

1. 把 `sarataga.csv` 加载到 HDFS。

```
$ hdfs dfs -put saratoga.csv saratoga.csv
```

2. 打开 Spark shell。

```
$ spark-shell
```

3. 导入统计及相关的类。

```
scala> import org.apache.spark.mllib.linalg.Vectors
scala> import org.apache.spark.mllib.clustering.KMeans
```

4. 把 `saratoga.csv` 加载到 RDD。

```
scala> val data = sc.textFile("saratoga.csv")
```

5. 把数据转换成密集向量的 RDD。

```
scala> val parsedData = data.map( line => Vectors.dense(line.split(',').map
(_.toDouble)))
```

6. 以 4 个簇和 5 次迭代训练模型。

```
scala> val kmmodel= KMeans.train(parsedData,4,5)
```

7. 把 `parsedData` 收集成本地数据集。

```
scala> val houses = parsedData.collect
```

8. 预测第 0 个元素的簇。

```
scala> val prediction = kmmodel.predict(houses(0))
```

9. 现在让我们比较 k-means 的簇分配结果和我们算的结果。K-means 算法会从 0 给出簇的 ID。检查数据，你会发现我们给的从 A 到 D 的簇 ID 与 k-means 算法的簇 ID 的映射关系是 A=>3、B=>1、C=>0、D=>2。

10. 现在让我们从图表的不同部分抽取一些数据，并预测它属于哪个簇。

11. 让我们看一下 house (18)的数据，占地面积 876 平方英尺，价格 66.5 万美元。

```scala
scala> val prediction = kmmodel.predict(houses(18))
resxx: Int = 3
```

12. 现在看一下 house (35)，占地面积 15750 平方英尺，价格 112 万美元。

```scala
scala> val prediction = kmmodel.predict(houses(35))
resxx: Int = 1
```

13. 现在看一下 house (6)的数据，占地面积 38768 平方英尺，价格 272.5 万美元。

```scala
scala> val prediction = kmmodel.predict(houses(6))
resxx: Int = 0
```

14. 现在看一下 house (15)的数据，占地面积 69696 平方英尺，价格 275 万美元。

```scala
scala> val prediction = kmmodel.predict(houses(15))
resxx: Int = 2
```

你可以用更多的数据去测试预测能力。让我们用邻近分析来看一下簇代表的意义。簇 3 中大部分的房屋是靠近市区的，而簇 2 中的房屋是在丘陵地带。

在这个实例中，我们处理的是小的特征集，常识和视觉观察就可以帮助我们得到同样的结论。而 k-means 的优点在于对拥有无限特征的数据进行聚类。当你想知道你所拥有的原数据上的模式时，它是一个很好的工具。

9.3 主成分分析的降维

降维是降低维度或者特征数量的过程。现实中很多数据都包含很多特征数量。拥有上千的特征并不常见，现在我们需要把特征降到有意义的数量上。

降维的几个目的如下。

- 数据压缩。

- 可视化。

降低维度的数量可以减少磁盘和内存的占用。最后同样重要的是，它可以让算法运行得更快。同时也可以把高度相关的维度降到一维。

人类只能看到三维，但数据有很高的维度。可视化可以找到数据中隐藏的模式。降维把多个维度压缩到一个便于可视化的维度。

最常用的降维算法是主成分分析（Principal Component Analysis，PCA）。

让我们看看下面的数据集，如图 9-9 所示。

这里我们说的目的就是把二维数据降到一维。其中的方法就是找到一条能够投影这些数据的线。下面让我们一起找到一条能很好地投影这些数据的线，如图 9-10 所示。

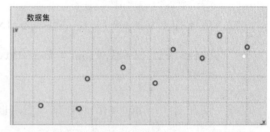

图 9-9　数据集

图 9-11 所示的这条线拥有到数据点的最短投影距离。把每个数据到投影线的最短线段画上，我们能更好地解释它。

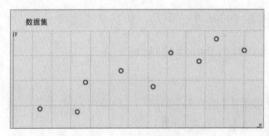

图 9-10　数据集投影线

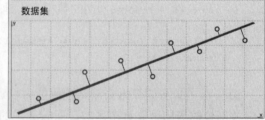

图 9-11　数据集最佳拟合线

另一种方法是找到这样的一条数据投影线，使得每个数据点到这条线的距离平方和最小。这些灰色的线段叫作投影误差。

9.3.1　准备工作

让们看一下加州萨拉托加市房屋数据的 3 个特征——房屋面积、占地面积和价格。使用 PCA，我们可以合并房屋面积和占地面积到一个特征——Z。我们把这个特征叫作一个房子的 z 密度。

值得注意的是，并不总能给每个新创建的特征赋予意义。在这个实例中，我们能很容易地利用常识合并两个特征的效果。实际中更多的情况是，你可能想把 1 000 个特征投影到 100 个特征上，你不可能对所有 100 个特征都赋予现实意义。

在这次实践中，我们用 PCA 引出房屋密度，然后我们将用线性回归去观察密度是如何影响房价的。

在我们探究 PCA 之前，有一个预处理阶段：特征缩放。特征缩放常应用于当两个特征在不同尺度范围的场景。这里，房屋面积范围从 800 平方英尺到 7 000 平方英尺，同时占地面积也从 800 平方英尺到数英亩不等。

为什么我们要先做特征缩放？因为我们没有必要把特征放在同一个平等的级别。梯度下降法是在特征缩放中有用的另一个方法。

特征缩放有不同的方法。

- 用特征值除以最大值，把每个特征值放在 $-1 \leq x \leq 1$ 范围。

- 用特征值除以一个范围——最大值减去最小值。

- 用特征值减去平均值，然后除以范围。

- 用特征值减去平均值，然后除以标准差。

我们选择第 4 种方法以获得最好的缩放。表 9-2 就是我们本节用到的数据。

表 9-2　　　　　　　　　　　　　　　　测试数据

房屋面积	占地面积	缩放的房屋面积	缩放的占地面积	房屋价格（单位：千美元）
2 524	12 839	−0.025	−0.231	2 405
2 937	10 000	0.323	−0.4	2 200
1 778	8 040	−0.654	−0.517	1 400
1 242	13 104	−1.105	−0.215	1 800
2 900	10 000	0.291	−0.4	2 351
1 218	3 049	−1.126	−0.814	795
2 722	38 768	0.142	1.312	2 725
2 553	16 250	−0.001	−0.028	2 150
3 681	43 026	0.949	1.566	2 724
3 032	44 431	0.403	1.649	2 675
3 437	40 000	0.744	1.385	2 930
1 680	1 260	−0.736	−0.92	870
2 260	15 000	−0.248	−0.103	2 210
1 660	10 032	−0.753	−0.398	1 145

续表

房屋面积	占地面积	缩放的房屋面积	缩放的占地面积	房屋价格（单位：千美元）
3 251	12 420	0.587	−0.256	2 419
3 039	69 696	0.409	3.153	2 750
3 401	12 600	0.714	−0.245	2 035
1 620	10 240	−0.787	−0.386	1 150
876	876	−1.414	−0.943	665
1 889	8 125	−0.56	−0.512	1 430
4 406	11 792	1.56	−0.294	1 920
1 885	1 512	−0.564	−0.905	1 230
1 276	1 276	−1.077	−0.92	975
3 053	67 518	0.42	3.023	2 400
2 323	9 810	−0.195	−0.412	1 725
3 139	6 324	0.493	−0.619	2 300
2 293	12 510	−0.22	−0.251	1 700
2 635	15 616	0.068	−0.066	1 915
2 298	15 476	−0.216	−0.074	2 278
2 656	13 390	0.086	−0.198	2 497.5
1 158	1 158	−1.176	−0.927	725
1 511	2 000	−0.879	−0.876	870
1 252	2 614	−1.097	−0.84	730
2 141	13 433	−0.348	−0.196	2 050
3 565	12 500	0.852	−0.251	3 330
1 368	15 750	−0.999	−0.058	1 120
5 726	13 996	2.672	−0.162	4 100
2 563	10 450	0.008	−0.373	1 655
1 551	7 500	−0.845	−0.549	1 550

续表

房屋面积	占地面积	缩放的房屋面积	缩放的占地面积	房屋价格（单位：千美元）
1 993	12 125	−0.473	−0.274	2 100
2 555	14 500	0.001	−0.132	2 100
1 572	10 000	−0.827	−0.4	1 175
2 764	10 019	0.177	−0.399	2 047.5
7 168	48 787	3.887	1.909	3 998
4 392	53 579	1.548	2.194	2 688
3 096	10 788	0.457	−0.353	2 251
2 003	11 865	−0.464	−0.289	1 906

让我们把缩放的房屋尺寸和房屋价格保存到 scaledhousedata.csv。

9.3.2　具体步骤

1. 把 scaledhousedata.csv 加载到 HDFS。

   ```
   $ hdfs dfs -put scaledhousedata.csv scaledhousedata.csv
   ```

2. 打开 Spark shell。

   ```
   $ spark-shell
   ```

3. 导入统计和相关的类。

   ```
   scala> import org.apache.spark.mllib.linalg.Vectors
   scala> import org.apache.spark.mllib.linalg.distributed.RowMatrix
   ```

4. 把 scaledhousedata.csv 加载到 RDD。

   ```
   scala> val data = sc.textFile("scaledhousedata.csv")
   ```

5. 把数据转换成密集向量的 RDD。

   ```
   scala> val parsedData = data.map( line => Vectors.dense(line.split(',').map
   (_.toDouble)))
   ```

6. 根据 parsedData 创建一个 RowMatrix。

```scala
scala> val mat = new RowMatrix(parsedData)
```

7. 计算一个主要成分。

```scala
scala> val pc= mat.computePrincipalComponents(1)
```

8. 通过扩张主要成分把行投影到线性空间。

```scala
scala> val projected = mat.multiply(pc)
```

9. 把投影过的 RowMatrix 转换回 RDD。

```scala
scala> val projectedRDD = projected.rows
```

10. 把 projectedRDD 存到 HDFS。

```scala
scala> projectedRDD.saveAsTextFile("phdata")
```

现在我们要用这个决定房屋密度的投影特征去标绘房屋价格，观察是否有新的模式出现。

1. 下载 HDFS 目录 phdata 到本地目录 phdata。

```scala
scala> hdfs dfs -get phdata phdata
```

2. 去掉数据首尾的括号，把数据加载到 MS Excel。

图 9-12 描绘了房价和房屋密度的平面关系图。

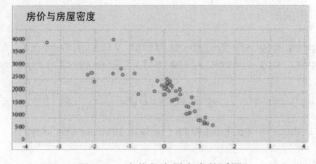

图 9-12   房价与房屋密度关系图

让我们画出一些模式，如图 9-13 所示。

在这里我们观察到了什么模式？房屋密度从高到低，人们需要支付严重的溢价。随着房屋密度的降低,溢价趋势越平坦。比如,从公寓和城镇的房屋搬到独栋的房屋,人们需要支付严重的溢价,但是 3 英亩占地面积的独栋房屋和两英亩占地面积的独栋房屋相比,在相当的建成面积下,溢价是没有太大差距的。

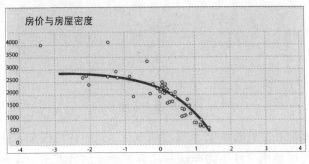

图 9-13　相关模式

9.4　奇异值分解降维

通常,原始维度并不能最好地表现数据。正如我们在 PCA 看到的一样,有时候把数据投影到更少的维度,你依然可以保留大部分的有用信息。

有时候,最好的方法是根据展现出大部分变异的特征来调整维度。这种方法可以消除数据中没有意义的维度。

让我们再看一眼图 9-14,它展示了两个维度的最佳拟合线。

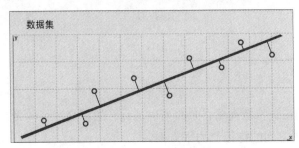

图 9-14　最佳拟合线

这个投影线用一个维度最大相似地描述了原数据。如果我们选取黑线和灰线相交的点和单独的黑线,会得到一个尽可能保留原始数据变异的简化表示,如图 9-15 所示。

图 9-15　简化表示

我们作一条投影线的垂线，如图 9-16 所示。

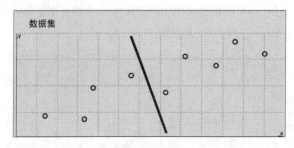

图 9-16　垂线

这条线尽可能地捕获了原数据第 2 维度的变化。这个维度表现了较少的变化，没有很好地逼近原数据。可以使用这些垂线生成一些并不相关的数据点，在原数据中形成一些子群，这是初看无法发现的。

这就是奇异值分解，又称为特征值分解（Single Value Decomposition，SVD）的基本思想。选取一个高维度、高可变的数据集，降低它的维度，以便更清晰地展示原数据的结构，然后按照差异程度从高到低排序。SVD 的用处很大，特别是对于自然语言处理（NLP）的应用，因为你可以简单地忽略低于一定阈值的变异，从而大大简化了原始数据，同时保留了原始关系利益。

现在让我们浅析一下其中的理论。SVD 是基于线性代数中的一个定理，一个长方形矩阵可以分解成 3 个矩阵的乘积，也即一个正交矩阵 U、一个对角矩阵 S 和一个正交矩阵的转置矩阵 V。如下所示：

$$A=USV^T$$

U 和 V 正交矩阵：

$$U^TU=1$$
$$V^TV=1$$

U 的列是 AA^T 的正交特征向量，V 的列也是 AA^T 的正交特征向量。S 是一个对角矩阵，其中包含 U 或 V 降序排列的特征值的平方根。

9.4.1　准备工作

让我们看一个文档矩阵的实例。我们会看两个关于美国总统选举的记录。下面是两个文档的链接。

- Fox: http://www.foxnews.com/politics/2015/03/08/top-2016-gop-

```
presidential-hopefuls-return-to-iowa-to-hone-message-including/
```

- **Npr:** `http://www.npr.org/blogs/itsallpolitics/2015/03/09/391704815/` `in-iowa-2016-has-begun-at-least-for-the-republican-party`

让我们根据这两则新闻建立总统候选人矩阵，如图 9-17 所示。

$$npr \quad fox$$

$$\begin{array}{l} ChrisChristie \\ JebBush \\ MikeHuckabee \\ GeorgePataki \\ RickSantorum \\ LindseyGraham \\ TedCruz \\ ScottWalker \\ RickScott \\ HillaryClinton \\ MarkRubio \\ RickPerry \end{array} \begin{bmatrix} 1 & 2 \\ 2 & 3 \\ 1 & 4 \\ 1 & 0 \\ 1 & 0 \\ 1 & 3 \\ 1 & 2 \\ 1 & 0 \\ 1 & 2 \\ 0 & 3 \\ 0 & 1 \\ 0 & 2 \end{bmatrix}$$

图 9-17　总统候选人矩阵

让我们把这个矩阵存入 CSV 文件，再把它放到 HDFS。我们会用 SVD 处理这个矩阵并分析结果。

9.4.2　具体步骤

1. 把 scaledhousedata.csv 载入到 HDFS。

   ```
   $ hdfs dfs -put pres.csv scaledhousedata.csv
   ```

2. 打开 Spark shell。

   ```
   $ spark-shell
   ```

3. 导入统计及相关的类。

   ```
   scala> import org.apache.spark.mllib.linalg.Vectors
   scala> import org.apache.spark.mllib.linalg.distributed.RowMatrix
   ```

4. 把 pres.csv 载入到 RDD。

   ```
   scala> val data = sc.textFile("pres.csv")
   ```

5. 把数据转换成密集向量的 RDD。

```scala
scala> val parsedData = data.map( line =>Vectors.dense(line.split(',').map
(_.toDouble)))
```

6. 根据 `parsedData` 创建一个 `RowMatrix`。

```scala
scala> val mat = new RowMatrix(parsedData)
```

7. 计算 SVD。

```scala
scala> val svd = mat.computeSVD(2,true)
```

8. 计算 U 的因子（特征向量）。

```scala
scala> val U = svd.U
```

9. 计算矩阵的奇异值（特征值）。

```scala
scala> val s = svd.s
```

10. 计算 V 的因子（特征向量）。

```scala
scala> val s = svd.s
```

如果你观察 s，会发现它给 Npr 的文章的分数比 Fox 的文章的分数高。

第 10 章
推荐系统

本章包含以下内容。

- 显性反馈的协同过滤。
- 隐性反馈的协同过滤。

10.1 简介

以下是维基百科对推荐系统的定义。

"推荐系统是信息过滤系统的基类，用于预测用户对一件物品的'评价'或'偏好'。"

近年来，推荐系统的影响力骤增。Amazon 用它来推荐图书，Netflix 用它来推荐电影，Google News 用它来推荐新闻。以下一些例子可以说明推荐系统的影响力。

- Netflix 上 2/3 的观看来自推荐系统。
- Google News 上 38%的新闻点击来自推荐系统。
- Amazon 销售额的 35%是推荐的结果。

正如前面的章节所说，功能和特征选择在机器学习算法的有效性上发挥着重要作用。推荐引擎算法可以自动发现这些被称为潜在特征的特征。简而言之，某个用户喜欢一部电影而不喜欢另一部是由潜在特征引起的，如果另一个用户拥有相同的潜在特征，那么他也会有相同的电影品味。

为了更好地理解，让我们看看表 10-1 的电影评分示例。

表 10-1   电影评分示例

电影	Rich	Bob	Peter	Chris
泰坦尼克号	5	3	5	?
007 之黄金眼	3	2	1	5
玩具总动员	1	?	2	2
桃色机密	4	4	?	4
王牌威龙	4	?	4	?

我们的目标是预测出那些标记为"？"的缺失项。让我们看看能不能找到这些电影的相关特征。首先，让我们看看表 10-2 所示的流派。

表 10-2   流派

电影	流派
泰坦尼克号	动作片、爱情片
007 之黄金眼	动作片、探险片、惊悚片
玩具总动员	动画片、儿童片、喜剧
桃色机密	戏剧、惊悚片
王牌威龙	喜剧

每部电影的每个流派都可以被打分，分值在 0 到 1 之间。例如，《007 之黄金眼》的主要流派不是爱情片，所以给它的爱情片流派评分为 0.1，而给它在动作片流派上打 0.98 分。

提示：

在本章中，我们将会使用 MovieLens 的数据集，地址为 grouplens.org/datasets/movielens/。

InfoObjects 大数据沙盒下载了 100 KB 的电影评分数据。如果你想要更好地预测结果，可以在 GroupLens 上下载 100 万甚至 1000 万的评分数据做大数据分析。

我们将会使用该数据集的两个文件。

- u.data：这是一个以 Tab 键作为分割的电影评分数组，格式如下。

```
user id | item id | rating | epoch time
```

因为我们不需要时间戳信息，本节中我们会将该信息过滤掉。

- u.item：这是一个以 Tab 键作为分割的电影数组，格式如下。

```
movie id | movie title | release date | video release date |
IMDb URL | unknown | Action | Adventure | Animation |
Children's | Comedy | Crime | Documentary | Drama | Fantasy
|               Film-Noir | Horror | Musical | Mystery | Romance |
Sci-Fi |               Thriller | War | Western |
```

本章将会介绍如何使用 MLlib 这个 Spark 机器学习库来构建推荐系统。

10.2　显性反馈的协同过滤

协同过滤是推荐系统中最常用的技术。它有一个很有趣的属性，即通过自身学习特征。所以，在电影评分的例子中，我们不需要提供实际的人的关于电影是浪漫片还是动作片的反馈。

正如"简介"部分提到的一样，电影有一些潜在属性，例如流派。同样的用户也有一些潜在属性，例如年龄、性别等。协同过滤不需要知道这些，它会自己发现这些潜在属性。

我们将会在本例中使用最小交替二乘法（Alternating Least Squares，ALS）。该算法解释了一部电影和一个用户之间的少量潜在属性的关联。它使用了 3 个训练参数：排名、迭代次数和 lambda（之后的章节中会解释）。要弄清楚这 3 个参数的最佳值，最好的方法是尝试不同的值并找到最小均方根误差（Root Mean Square Error，RMSE）。该误差有点类似于标准差，但是它是基于模型的结果，而不是实际数据。

10.2.1　准备工作

将从 GroupLens 下载下来的 moviedata 上传到 hdfs 上的 moviedata 目录下。

$ hdfs dfs -put moviedata moviedata

在该数据库中增加一些个人评分以便测试推荐系统的精确性。

你可以在 u.item 中挑选一些电影给它们评分。表 10-3 是我选的一些电影和我的评分。你可以随便选一些你喜欢的电影并给它们评分。

表 10-3 我的电影评分

电影 ID	电影名称	评分(1-5)
313	泰坦尼克号	5
2	007 之黄金眼	3
1	玩具总动员	1
43	桃色机密	4
67	王牌威龙	4
82	侏罗纪公园	5
96	终结者 2	5
121	独立日	4
148	黑夜幽灵	4

最大的用户 ID 是 943，所以我们需要增加第 944 个新用户。让我们创建逗号分割的文件 p.data，数据如下所示。

```
944,313,5
944,2,3
944,1,1
944,43,4
944,67,4
944,82,5
944,96,5
944,121,4
944,148,4
```

10.2.2　具体步骤

1. 将个人电影数据上传到 hdfs。

   ```
   $ hdfs dfs -put p.data p.data
   ```

2. 导入 ALS 和 Rating 类。

   ```
   scala> import org.apache.spark.mllib.recommendation.ALS
   scala> import org.apache.spark.mllib.recommendation.Rating
   ```

3. 将评分数据导入 RDD。

```scala
scala> val data = sc.textFile("moviedata/u.data")
```

4. 将 `val` 数据变换（transform）到评分（Rating）RDD。

```scala
scala> val ratings = data.map { line =>
  val Array(userId, itemId, rating, _) = line.split("\t")
  Rating(userId.toInt, itemId.toInt, rating.toDouble)}
```

5. 将个人评分数据导入 RDD。

```scala
scala> val pdata = sc.textFile("p.data")
```

6. 将数据变换到个人评分 RDD。

```scala
scala> val pratings = pdata.map { line =>
  val Array(userId, itemId, rating) = line.split(",")
  Rating(userId.toInt, itemId.toInt, rating.toDouble)}
```

7. 绑定评分数据和个人评分数据。

```scala
scala> val movieratings = ratings.union(pratings)
```

8. 使用 ALS 建立模型，设定 rank 为 5、迭代次数为 10 以及 lambda 为 0.01。

```scala
scala> val model = ALS.train(movieratings, 10, 10, 0.01)
```

9. 在此模型上选定一部电影预测我的评分。

10. 让我们从电影 ID 为 195 的《终结者》开始。

```scala
scala> model.predict(sc.parallelize(Array((944,195)))).collect.foreach
println)
Rating(944,195,4.198642954004738)
```

我对《终结者 2》的评分是 5，这预测结果看起来很合理。

11. 让我们尝试电影 ID 为 402 的《人鬼情未了》。

```scala
scala> model.predict(sc.parallelize(Array((944,402)))).collect.foreach
println)
 Rating(944,402,2.982213836456829)
```

这也是个很合理的猜测。

12. 让我们尝试我已经评分过了的 ID 为 148 的《黑夜幽灵》

```
scala> model.predict(sc.parallelize(Array((944,402)))).collect.foreach
println)
Rating(944,148,3.8629938805450035)
```

这是非常准确的预测，要知道我对该电影的评分是 4。

你可以在训练集中使用更多的电影。此外还有 100 万的和 500 万的数据集可以用来进一步优化算法。

10.3　隐性反馈的协同过滤

有时，反馈不是以评分的形式获得，而是以播放音轨、观看电影等形式获得。这些数据乍一看可能不如用户评分好用，但是它们更为详尽。

10.3.1　准备工作

我们准备使用 http://www.kaggle.com/c/msdchallenge/data 的一百万首歌曲数据。需要下载以下 3 个文件。

- kaggle_visible_evaluation_triplets
- kaggle_users.txt
- kaggle_songs.txt

接着按照如下步骤做。

1. 在 hdfs 上创建一个 songdata 文件夹，将以上 3 个文件放上去。

```
$ hdfs dfs -mkdir songdata
```

2. 将歌曲数据上传到 hdfs。

```
$ hdfs dfs -put kaggle_visible_evaluation_triplets.txt songdata/
$ hdfs dfs -put kaggle_users.txt songdata/
$ hdfs dfs -put kaggle_songs.txt songdata/
```

我们还需要一些处理步骤。MLlib 的 ALS 将用户和产品 ID 都当作整数处理。

Kaggle_songs.txt 文件包含歌曲 ID 和相应的序列号, 而 Kaggle_users.txt 文件没有。我们的目标是将 triplets 数据中的用户 ID 和歌曲 ID 替换成序列号。请按照以下步骤操作。

1. 将 kaggle_songs 数据导入到 RDD。

    ```scala
    scala> val songs = sc.textFile("songdata/kaggle_songs.txt")
    ```

2. 将用户数据导入到 RDD。

    ```scala
    scala> val users = sc.textFile("songdata/kaggle_users.txt")
    ```

3. 将 triplets (user, song, plays)数据导入到 RDD。

    ```scala
    scala> val triplets = sc.textFile("songdata/kaggle_visible_evaluation_riplets.txt")
    ```

4. 将歌曲数据转换为 PairRDD。

    ```scala
    scala> val songIndex = songs.map(_.split("\\W+")).map(v =>(v(0),v(1).toInt))
    ```

5. 将 songIndex 转换为 Map 数组。

    ```scala
    scala> val songMap = songIndex.collectAsMap
    ```

6. 将用户数据转换为 PairRDD。

    ```scala
    scala> val userIndex = users.zipWithIndex.map( t => (t._1,t._2.toInt))
    ```

7. 将 userIndex 转换为 Map 数组。

    ```scala
    scala> val userMap = userIndex.collectAsMap
    ```

在 triplets 数据中, 我们需要用 songMap 和 userMap 来替换 userId 和 songId。Spark 将会自动将这些 map 数组发送到所有集群。这样做没什么问题, 但是每一次的集群间传输非常昂贵。

更好地使用 Spark 特征的方法叫作广播变量。广播变量允许 Spark 作业在每台机器上缓存一份只读的副本, 而不是为每个任务输送副本。Spark 使用高效的广播算法分布广播变量, 因此网络通信成本可以忽略不计。

如你所见, songMap 和 userMap 都是不错的广播变量候选。步骤如下。

1. 广播 userMap。

```scala
scala> val broadcastUserMap = sc.broadcast(userMap)
```

2. 广播 songMap。

```scala
scala> val broadcastSongMap = sc.broadcast(songMap)
```

3. 将 triplet 数据转换为一个数组。

```scala
scala> val tripArray = triplets.map(_.split("\\W+"))
```

4. 导入 rating 包。

```scala
scala> import org.apache.spark.mllib.recommendation.Rating
```

5. 将 triplet 数组转换为评级对象 RDD。

```scala
scala> val ratings = tripArray.map { case Array(user, song, plays) =>
  val userId = broadcastUserMap.value.getOrElse(user, 0)
  val songId = broadcastUserMap.value.getOrElse(song, 0)
  Rating(userId, songId, plays.toDouble)
}
```

现在，我们的数据可以开始建模和预测了。

10.3.2　具体步骤

1. 导入 ALS。

```scala
scala> import org.apache.spark.mllib.recommendation.ALS
```

2. 将 rank 设为 10，迭代次数设为 10，使用 ALS 建模。

```scala
scala> val model = ALS.trainImplicit(ratings, 10, 10)
```

3. 从 triplet 中导出用户和歌曲元组。

```scala
scala> val usersSongs = ratings.map( r => (r.user, r.product) )
```

4. 预测用户和歌曲元组。

```scala
scala> val predictions = model.predict(usersSongs)
```

10.3.3 工作原理

我们的模型使用 4 个参数，如表 10-4 所示。

表 10-4 参数描述

参数名	描述
Rank	模型中的潜在特征数
Iterations	分解运行的迭代次数
Lambda	拟合参数
Alpha	观察交互的相关权重

正如梯度下降例子中所示，这些参数需要手动设置。我们可以尝试不同的值，不过本例中最佳选择是 rank=50、iterations=30、lambda=0.00001 以及 alpha=40。

10.3.4 更多内容

快速测试不同参数的方法之一是在 Amazon EC2 上创立一个 spark 集群。这使得你可以灵活、强大并快速地测试这些参数。我就创立了一个公共的 S3 bucket com.infoobjects.songdata 用于将数据拉（pull）到 Spark 上。

以下步骤用户将数据从 S3 导入到 ALS 并运行。

```
sc.hadoopConfiguration.set("fs.s3n.awsAccessKeyId", "<your access key>")
sc.hadoopConfiguration.set("fs.s3n.awsSecretAccessKey","<your secret key>")
val songs = sc.textFile("s3n://com.infoobjects.songdata/kaggle_songs.txt")
val users = sc.textFile("s3n://com.infoobjects.songdata/kaggle_users.txt")
val triplets = sc.textFile("s3n://com.infoobjects.songdata/kaggle_visible_
evaluation_triplets.txt")
val songIndex = songs.map(_.split("\\W+")).map(v => (v(0),v(1).toInt))
val songMap = songIndex.collectAsMap
val userIndex = users.zipWithIndex.map( t => (t._1,t._2.toInt))
val userMap = userIndex.collectAsMap
val broadcastUserMap = sc.broadcast(userMap)
val broadcastSongMap = sc.broadcast(songMap)
val tripArray = triplets.map(_.split("\\W+"))
import org.apache.spark.mllib.recommendation.Rating
val ratings = tripArray.map{ v =>
  val userId: Int = broadcastUserMap.value.get(v(0)).fold(0)(num => num)
```

```
    val songId: Int = broadcastSongMap.value.get(v(1)).fold(0)(num => num)
    Rating(userId,songId,v(2).toDouble)
}
import org.apache.spark.mllib.recommendation.ALS
val model = ALS.trainImplicit(ratings, 50, 30, 0.000001, 40)
val usersSongs = ratings.map( r => (r.user, r.product) )
val predictions =model.predict(usersSongs)
```

以上就是使用 usersSongs 矩阵进行的预测分析。

第 11 章

图像处理——GraphX

本章将会介绍如何使用 GraphX 这个 Spark 图像处理库来进行图像处理。

本章包含如下内容。

- 基本图像运算。

- 使用 PageRank。

- 查找连通分量。

- 相邻聚合实现。

11.1　简介

图像分析在生活中比我们认为的更加常见。举个最通俗的例子，当我们使用 GPS 查找最短路径时，就在使用图像处理算法。

让我们先从理解图像开始。图是一组顶点以及顶点之间连线的展现，当这些连线具有方向性时，就被称为有向图（digraph）。

GraphX 是 Spark 用于图像处理的 API，它提供一个被称作弹性分布式属性图（resilient distributed property graph）的 RDD 封装。属性图是指每个顶点和边都附带属性的有向多重图。

图分为两种——有向图（digraphs）和正则图。有向图的边是有方向的，比如从顶点 A 到顶点 B。Twitter 关注是有向图的一个好例子。如果 John 关注 David，并不意味着 David 也关注 John。与之相对，脸书（Facebook）是正则图的一个好例子，如果 John 是 David 的朋友，那么 David 也是 John 的朋友。

多重图是允许有多重边（又叫平行边）的图。因为 GraphX 的每条边都有属性，所以每条边都有自己的标识符。

传统图像处理系统有两种：

- Data parallel

- Graph parallel

GraphX 致力于将两者合二为一。GraphX API 允许用户既可以将数据当作图像处理，也可以当作集合（RDD）处理，不需要做数据迁移。

11.2 基本图像运算

在本节中，我们将会介绍如何创建图像并进行基本运算。

11.2.1 准备工作

表 11-1 所示的例子中有 3 个顶点，每个顶点代表加州 3 个城市——圣克拉拉、费利蒙和旧金山的市中心。

表 11-1　　　　　　　　　　　城市距离

出发地	目的地	距离（英里）
圣克拉拉	费利蒙	20
费利蒙	旧金山	44
旧金山	圣克拉拉	53

11.2.2 具体步骤

1. 导入 GraphX 相关类。

```scala
scala> import org.apache.spark.graphx._
scala> import org.apache.spark.rdd.RDD
```

2. 将顶点数据导入一个数组。

```scala
scala> val vertices = Array((1L, ("Santa Clara","CA")),(2L, ("Fremont","CA")),
(3L, ("San Francisco","CA")))
```

3. 将顶点数组导入顶点 RDD。

```scala
scala> val vrdd = sc.parallelize(vertices)
```

4. 将边数据导入一个数组。

```scala
scala> val edges = Array(Edge(1L,2L,20),Edge(2L,3L,44),Edge(3L, 1L,53))
```

5. 将数据导入边 RDD。

```scala
scala> val erdd = sc.parallelize(edges)
```

6. 创建图像。

```scala
scala> val graph = Graph(vrdd,erdd)
```

7. 打印图像的所有顶点。

```scala
scala> graph.vertices.collect.foreach(println)
```

8. 打印图像的所有边。

```scala
scala> graph.edges.collect.foreach(println)
```

9. 打印边的三元组。一个三元组包含一条边本身以及它的出发地和目的地。

```scala
scala> graph.triplets.collect.foreach(println)
```

10. 图像的入度是指作为边的终点的次数。打印每个顶点的入度（记作 VertexRDD [Int]）。

```scala
scala> graph.inDegrees
```

11.3 使用 PageRank

PageRank 用户度量图中每个顶点的重要度。PageRank 由谷歌创始人首先提出，当时该理论是指互联网上最重要的页面是那些有最多链接指向的页面。PageRank 也用于计算目标页面导向的重要度。所以如果有一些更高排名的网页指向某个给定的网页，该网页的排名将会上升。

11.3.1　准备工作

我们准备使用维基百科页面链接数据来计算页面排名。维基百科的数据转存发布在数据库上。我们将使用 `http://haselgrove.id.au/wikipedia.htm` 的链接数据，数据包含以下两个文件。

- `links-simple-sorted.txt`

- `titles-sorted.txt`

我把它们都存在了 Amazon S3 上，链接为 `s3n://com.infoobjects.wiki/links` 和 `s3n://com.infoobjects.wiki/nodes`。因为数据量比较大，建议你在 Amazon EC2 或者自己的本地集群运行，使用沙盒的话可能会很慢。

使用以下命令将文件导入到 HDFS。

```
$ hdfs dfs -mkdir wiki
$ hdfs dfs -put links-simple-sorted.txt wiki/links.txt
$ hdfs dfs -put titles-sorted.txt wiki/nodes.txt
```

11.3.2　具体步骤

1. 导入 GraphX 相关类。

```
scala> import org.apache.spark.graphx._
```

2. 从 HDFS 加载边数据，将分区数设置为 20。

```
scala> val edgesFile = sc.textFile("wiki/links.txt",20)
```

或者从 Amazon S3 中加载边数据。

```
scala> val edgesFile = sc.textFile("s3n:// com.infoobjects.wiki/ links",20)
```

提示：
数据文件的链接格式为 "sourcelink: link1 link2 …"。

3. 压缩并转化数据为 "link1、link2" 格式存入 RDD，并将其转化为边对象 RDD。

```
scala> val edges = edgesFile.flatMap { line =>
   val links = line.split("\\W+")
```

```
        val from = links(0)
          val to = links.tail
        for ( link <- to) yield (from,link)
         }.map( e => Edge(e._1.toLong,e._2.toLong,1))
```

4. 从 HDFS 加载顶点数据，将分区数设置为 20。

```
scala> val verticesFile = sc.textFile("wiki/nodes.txt",20)
```

5. 或者从 Amazon S3 中加载顶点数据。（译者注：原文是 edges，应该是写错了。）

```
scala> val verticesFile = sc.textFile("s3n:// com.infoobjects. wiki/
nodes",20)
```

6. 为顶点提供索引，将其变为（index,title）格式。

```
scala> val vertices = verticesFile.zipWithIndex.map(_.swap)
```

7. 创建图对象。

```
scala> val graph = Graph(vertices,edges)
```

8. 运行 PageRank 得到相关顶点。

```
scala> val ranks = graph.pageRank(0.001).vertices
```

9. 排名数据格式为(vertex ID, pagerank)，将其变为(pagerank, vertex ID)格式。

```
scala> val swappedRanks = ranks.map(_.swap)
```

10. 排序以首先查看排名最高的页面。

```
scala> val sortedRanks = swappedRanks.sortByKey(false)
```

11. 得到排名最高的页面。

```
scala> val highest = sortedRanks.first
```

12. 以上的步骤获取到了顶点的 id 值，如果想要看到实际的标题的话依然要查找 rank。让我们把它们做一个聚合（join）。

```
scala> val join = sortedRanks.join(vertices)
```

13. 将(vertex ID, (page rank, title))格式转为(page rank, (vertex ID, title))格式并排序。

```
scala> val final = join.map ( v => (v._2._1, (v._1,v._2._2))). sortByKey(false)
```

14. 打印前五名排序页面。

```
scala> final.take(5).collect.foreach(println)
```

输出结果如下所示。

```
(12406.054646736622,(5302153,United_States'_Country_Reports_on_Human_
Rights_Practices))
(7925.094429748747,(84707,2007,_Canada_budget)) (7635.6564216408515,
(8 8822,2008,_Madrid_plane_crash)) (7041.479913258444,(1921890, Geographic_
coordinates)) (5675.169862343964,(5300058,United_Kingdom's))
```

11.4　查找连通分量

一个连通分量是指其中任意两个节点都有一条或一组边相连的子图（顶点是原图顶点的子集，边是原图的边的子集的图）。

看看夏威夷的公路网图就很好理解这句话了。夏威夷有众多的岛屿，却没有公路相连，每个岛屿内部的公路是相连的。查找连通分量的目的就是找到这些集合。

连通分量算法标记了图中每个连通分量的最小顶点数。

11.4.1　准备工作

我们将会使用我们所知的集群构建一个小图，并使用连通分量隔离它们。先看看图 11-1 所示的数据。

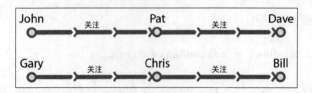

图 11-1　所需数据图

表 11-2 所示的数据是拥有 6 个顶点和两个集群的简单数据集。让我们将数据保存在 nodes.csv 和 edges.csv 两个文件中。

表 11-2　　　　　　　　　　　　　　所需数据表

关注者（**Follower**）	被关注者（**Followee**）
John	Pat
Pat	Dave
Gary	Chris
Chris	Bill

以下是 nodes.csv 的内容。

```
1,John
2,Pat
3,Dave
4,Gary
5,Chris
6,Bill
```

以下是 edges.csv 的内容。

```
1,2,follows
2,3,follows
4,5,follows
5,6,follows
```

我们期望连通分量算法可以识别出两个集群，第一个中包含(1,John)第二个中包含 (4,Gary)。

使用以下命令将文件加载到 HDFS。

```
$ hdfs dfs -mkdir data/cc
$ hdfs dfs -put nodes.csv data/cc/nodes.csv
$ hdfs dfs -put edges.csv data/cc/edges.csv
```

11.4.2　具体步骤

1. 打开 Spark shell。

```
$ spark-shell
```

2. 导入 GraphX 相关类。

```scala
scala> import org.apache.spark.graphx._
```

3. 从 HDFS 加载边数据。

```scala
scala> val edgesFile = sc.textFile("hdfs://localhost:9000/user/ hduser/
data/cc/edges.csv")
```

4. 将 edgesFile 文件 RDD 转换为边 RDD。

```scala
scala> val edges = edgesFile.map(_.split(",")).map(e => Edge(e(0). toLong,
e(1).toLong,e(2)))
```

5. 从 HDFS 加载顶点数据

```scala
scala> val verticesFile = sc.textFile("hdfs://localhost:9000/user/
hduser/data/cc/nodes.csv")
```

6. 连接顶点。

```scala
scala> val vertices = verticesFile.map(_.split(",")).map( e =>(e(0).toLong,
e(1)))
```

7. 创建图像对象。

```scala
scala> val graph = Graph(vertices,edges)
```

8. 计算连通分量。

```scala
scala> val cc = graph.connectedComponents
```

9. 查找连通分量（一个子图）的顶点。

```scala
scala> val ccVertices = cc.vertices
```

10. 打印 ccVertices。

```scala
scala> ccVertices.collect.foreach(println)
```

如结果所示，顶点 1、2 和 3 指向 1，顶点 4、5 和 6 指向 4。它们都是各自集群中的最小索引顶点。

11.5 相邻聚合实现

GraphX 的大部分计算是分开处理相邻顶点的。这样可以很简单的在分布式系统中处理复杂图像数据。因此邻域处理非常重要。GraphX 使用 aggregateMessages 机制处理相邻层，步骤如下所示。

1. 第一步（该方法的第一个函数），将消息传送到目的节点或者源节点（与 MapReduce 的 Map 函数类似）。

2. 第二步（该方法的第二个函数），进行消息聚合（与 MapReduce 的 Reduce 函数类似）。

11.5.1 准备工作

让我们创建一个关注的小数据集，如表 11-3 所示。

表 11-3 数据集信息

关注者（**follower**）	被关注者（**followee**）
John	Barack
Pat	Barack
Gary	Barack
Chris	Mitt
Rob	Mitt

我们的目的是发现每个节点的关注者数量。让我们将数据导入两个文件：`nodes.csv` 和 `edges.csv`。

以下是 `nodes.csv` 的内容。

```
1,Barack
2,John
3,Pat
4,Gary
5,Mitt
6,Chris
7,Rob
```

以下是 edges.csv 的内容。

```
2,1,follows
3,1,follows
4,1,follows
6,5,follows
7,5,follows
```

使用以下命令将文件导入 HDFS。

```
$ hdfs dfs -mkdir data/na
$ hdfs dfs -put nodes.csv data/na/nodes.csv
$ hdfs dfs -put edges.csv data/na/edges.csv
```

11.5.2　具体步骤

1. 进入 Spark shell。

   ```
   $ spark-shell
   ```

2. 导入 GraphX 相关类。

   ```
   scala> import org.apache.spark.graphx._
   ```

3. 从 HDFS 加载边数据。

   ```
   scala> val edgesFile = sc.textFile("hdfs://localhost:9000/user/ hduser/
   data/na/edges.csv")
   ```

4. 将边数据转换为边 RDD。

   ```
   scala> val edges = edgesFile.map(_.split(",")).map(e => Edge(e(0). toLong,
   e(1).toLong,e(2)))
   ```

5. 从 HDFS 加载顶点数据。

   ```
   scala> val verticesFile = sc.textFile("hdfs://localhost:9000/user/ hduser/
   data/cc/nodes.csv")
   ```

6. 连接顶点。

   ```
   scala> val vertices = verticesFile.map(_.split(",")).map( e => (e(0).
   toLong,e(1)))
   ```

7. 创建图像对象。

```scala
scala> val graph = Graph(vertices,edges)
```

8. 通过每个关注者发送关注者数目消息给被关注者进行相邻聚合。也就是说从一开始加和关注者数目。

```scala
scala> val followerCount = graph.aggregateMessages[(Int)]( t => t.sendToDst(1),
(a, b) => (a+b))
```

9. 以(followee, number of followers)格式打印 `followerCount`。

```scala
scala> followerCount.collect.foreach(println)
```

输出结果应该和下文所示结果类似。

```
(1,3)
(5,2)
```

第 12 章
优化及调优

本章包括多种处理 Spark 优化与性能调优的最佳实践。

本章包含以下内容。

- 内存优化。

- 使用压缩提升性能。

- 使用序列化提升性能。

- 优化垃圾回收。

- 优化并行度的级别。

- 理解优化的未来——Tungsten 项目。

12.1 简介

在查看优化 Spark 的多种方法之前，最好先深入了解 Spark 的内部原理。到目前为止，我们都是在较高的层面去了解 Spark 各个类库所提供的功能。

让我们从重新定义 RDD 开始。从外部看，RDD 是一个分布式的不可变的对象集合。从内部看，它由下面 5 个部分组成。

- 分区（partition）的集合（`rdd.getPartitions`）

- 父 RDD 的依赖列表（`rdd.dependencies`）

- 根据它的父分区计算一个分区（partition）的函数

- Partitioner（可选）（`rdd.partitioner`）

- 每个分区的首选位置（可选）（rdd.preferredLocations）

前 3 个是在重新计算时必需的，以防数据丢失，结合起来就叫 lineage。最后两个部分是关于优化的。

一个分区的集合就是数据如何被分配到各个节点。以 HDFS 为例，它表示 InputSplits，大多数情况和块（block）一样（除了当一个记录超越了块的边界，这种情况它会比块略大一些）。

让我们回顾 wordCount 的例子以便理解这 5 个部分。如图 12-1 所示，它是 wordCount 的数据集级别的数据流图。

基本上，数据流是这样形成的。

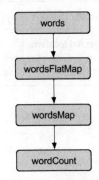

图 12-1 wordCount 数据集级别的数据流图

1. 将 words 目录加载到 RDD 对象中。

```scala
scala> val words = sc.textFile("hdfs://localhost:9000/user/hduser/words")
```

表 12-1 是 words RDD 的 5 个部分。

表 12-1　　　　　　　　　　　words RDD 的 5 个部分

Partitions	每个 inputsplit/block 对应一个分区(org.apache.spark.rdd.HadoopPartition)
Dependencies	None
Compute function	读取 block
Preferred location	hdfs block 位置信息
Partitioner	None

2. 对 words RDD 进行分词处理，每个单词单独一行。

```scala
scala> val wordsFlatMap = words.flatMap(_.split("\\W+"))
```

表 12-2 是 wordsFlatMap RDD 的 5 个部分。

表 12-2　　　　　　　　　　　wordsFlatMap RDD 的 5 个部分

Partitions	和父 RDD 一样，即是 words RDD(org. apache.spark.rdd.HadoopPartition)
Dependencies	和父 RDD 一样，即是 words RDD(org. apache.spark.OneToOneDependency)

续表

Compute function	计算父分区，并拆分每个元素并把结果打平
Preferred location	取决于父分区
Partitioner	None

3. 把 wordsFlatMap RDD 中的每个单词转换成(word,1)元组。

```scala
scala> val wordsMap = wordsFlatMap.map( w => (w,1))
```

表 12-3 是 wordsMap RDD 的 5 个部分。

表 12-3   wordsMap RDD 的 5 个部分

Partitions	和父 RDD 一样，即是 wordsFlatMap RDD (org. apache.spark.rdd.HadoopPartition)
Dependencies	和父 RDD 一样，即是 wordsFlatMapRDD (org. apache.spark.OneToOneDependency)
Compute function	计算父分区，并把它映射到 PairRDD
Preferred location	问父分区
Partitioner	None

4. reduce 给定 key 的所有值并对它们进行取和操作。

```scala
scala> val wordCount = wordsMap.reduceByKey(_+_)
```

表 12-4 是 wordCount RDD 的 5 个部分。

表 12-4   wordCount RDD 的 5 个部分

Partitions	每个 reduce 任务对应一个 (org.apache.spark.rdd. ShuffledRDDPartition)
Dependencies	父 RDD 上的 shuffle 依赖 (org. apache.spark.ShuffleDependency)
Compute function	对 shuffle 后的数据执行相加操作
Preferred location	None
Partitioner	HashPartitioner (org.apache.spark. HashPartitioner)

如图 12-2 所示，它是 wordCount 的分区级别的数据流图。

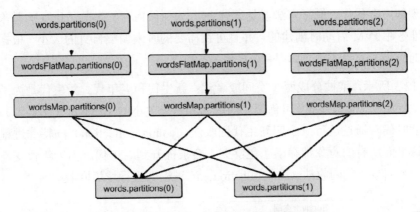

图 12-2　wordCount 分区级别的数据流图

12.2　内存优化

Spark 是一个复杂的分布式计算框架，并且有许多活动组件。多种集群资源，比如内存、CPU 和网络带宽都有可能成为在不同的点上的瓶颈。由于 Spark 是一个内存计算框架，其内存的影响是最大的。

另一个问题是 Spark 的应用程序通常会使用大量的内存，有时候超过 100GB。这样内存使用量在传统的 Java 应用程序中不是很常见。

在 Spark 中，有两个需要内存优化的地方，就是在驱动程序（driver）和执行器（executor）的级别。

你可以用下面的命令来设置 driver 的内存。

- Spark shell：

```
$ spark-shell --drive-memory 4g
```

- Spark submit：

```
$ spark-submit --drive-memory 4g
```

你可以用下面的命令来设置 executor 的内存。

- Spark shell：

```
$ spark-shell --executor-memory 4g
```

- Spark submit：

```
$ spark-submit --executor-memory 4g
```

为了理解内存优化，最好方法就是理解 Java 如何做内存管理的。Java 的对象是存在于堆中的。堆是在 JVM 启动时创建的，并且可在需要的时候调整自身的大小（根据分别在配置里赋值的最小值和最大值，即是-Xms 和-Xmx）。

如图 12-3 所示，堆被分成两个空间或者代：新生代和老年代。新生代是为了创建新的对象。新生代由一个叫 Eden（伊甸园）的区间和两个更小的 survivor（幸存者）区。当托儿所变满的时候，通过运行一个叫新生代回收法（young collection）的特殊进程来进行垃圾回收，这里面所有的对象都存活了足够久，会被提升到老年代。当老年代变满时，这会通过运行一个叫老年代回收法（old collection）的进程来进行垃圾回收。

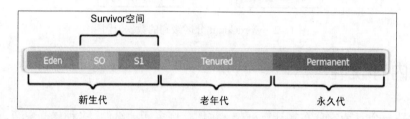

图 12-3　JVM 堆的分代空间

托儿所背后的逻辑是大部分的对象都只有很短的生命跨度。young collection 设计成能快速找到新分配的对象并把它们移到老年代。

JVM 使用标记清理的垃圾回收算法。标记清理回收法包括两个阶段。

在标记阶段，所有存在活跃引向的对象会被标记成活着，其余的就是垃圾回收的假定候选目标。在清理阶段，垃圾回收候选对象所占的空间会被加到空闲的空间列表，这样它们就可以用于给创建的对象分配空间。

标记清理算法有两个改进的地方。一个是 Concurrent Mark and Sweep(CMS)，另一个是并行标记清理。CMS 关注低延迟，而后者更关注高吞吐。两种策略都有性能方面的取舍。CMS 不压缩，而 Parallel Garbage Collector (GC)对整个堆只执行压缩，这会造成一段暂停时间。从经验而言，对于实时流处理应该用 CMS 算法，否则用 parallel GC。

如果低延迟和高吞吐都想要的话，Java 1.7 update 4 之后的版本会有另外一个选择叫 garbage-first GC (G1)。G1 是一个服务器风格的垃圾回收器，主要用于内存很大的多核机器。从长远来看 G1 会代替 CMS。经验相应地做出更改，如果你用的是 Java 7 之后的版本，简单地选择 G1。

如图 12-4 所示，G1 把堆分成很多大小相等的区域，其中每个集合都是一个连续范围的虚拟内存。每个区域会被分配成 Eden、Survivor 和 Old 不同的角色。G1 对堆执行并发的全局标记来判断对象的活跃引用。当标记阶段结束时，G1 知道哪些区域最空闲。它会优先在这些区域回收，这样能释放更多的内存。

图 12-4　G1 堆区域图

　　G1 选中的候选回收区域会被用抽空的方法进行垃圾回收。G1 把对象从一个或者多个的堆区域拷贝到单独的堆区域，这样既实现了压缩又释放了内存。抽空是为了在多核并行执行的情况下减少暂停时间和增加吞吐量。这样，第一轮的垃圾回收可以在用户自定义的暂停时间内减少碎片化。

Java 内存优化有 3 个方面。

- 内存占用。

- 内存中访问对象的开销。

- 垃圾回收的开销。

一般来说，Java 对象读取速度很快，但需要消耗比实际数据更多的空间。

12.3　使用压缩提升性能

　　数据压缩就是使用比原数据更少的字节对信息进行编码。压缩在人数据技术里有很大作用，它让数据的存储和压缩都更有效。

　　数据被压缩就会变得更小。因此磁盘 I/O 和网络 I/O 都会变得更快。而且还能节省存储空间。每种优化都有代价，而压缩的代价就是增加了 CPU 压缩和解压缩数据的压力。

Hadoop 需要把数据分割成块（block），这和数据是否压缩无关。只有少数压缩格式是可分割的。

两种最流行的大数据的压缩格式就是 LZO 和 Snappy。Snappy 是不可以分割的，而 LZO 是可以分割的，另一方面 LZO 格式速度也更快。

如果压缩格式像 LZO 一样是可分割的，那么压缩文件是先分裂成块再进行压缩的。这是因为压缩是发生块级别的，解压缩可以在块级别以及节点级别上。

如果压缩格式是不能分割的，那压缩是发生在文件级别上的然后再压缩文件再分成块。这样的话块就必须在解压之前先合并成文件，所以解压不能发生在节点级别。

为了支持压缩格式，Spark 会部署编解码器自动解压，不需要用户方面额外的处理。

12.4　使用序列化提升性能

序列化在分布式计算中扮演着重要角色。这有两个持久化（存储）级别支持 RDD 序列化。

- MEMORY_ONLY_SER：把 RDD 存成序列化对象。每个分区会创建一个字节数组。

- MEMORY_AND_DISK_SER：这和 MEMORY_ONLY_SER 相似，但它会把内存里存不下的数据持久化到磁盘上。

下面是添加适当的持久化级别的步骤。

1. 打开 Spark shell。

   ```
   $ spark-shell
   ```

2. 导入 StorageLevel 及相关的隐式转换。

   ```
   scala> import org.apache.spark.storage.StorageLevel._
   ```

3. 创建 RDD。

   ```
   scala> val words = sc.textFile("words")
   ```

4. 持久化该 RDD。

   ```
   scala> words.persist(MEMORY_ONLY_SER)
   ```

虽然序列化大幅减少了内存占用，但它给 CPU 增加了额外的反序列化压力。

Spark 默认使用的是 Java 的序列化方法。因为 Java 的序列化方法很慢，更好的方法是使用 Kryo 序列化库。Kryo 序列的效率更快而且有时压缩效果比默认的好 10 倍。

具体步骤

在你的 SparkConf 做如下设置就能使用 Kryo 了。

1. 启动 Spark shell，把序列化器设置成 Kryo。

```
$ spark-shell --conf spark.serializer=org.apache.spark.serializer.
KryoSerializer
```

2. Kryo 会自动注册核心的 Scala 类，如果你想注册自己定义的类，可以用下面的命令。

```
scala> sc.getConf.registerKryoClasses(Array(classOf[com.infoobjects.
CustomClass1],classOf[com.infoobjects.CustomClass2])
```

12.5 优化垃圾回收

如果有很多生命周期很短的 RDD，JVM 垃圾回收将是个很大挑战。JVM 需要遍历一遍所有对象来找到需要垃圾回收的对象。垃圾回收的代价是和 GC 需要遍历的对象数目成正比的。因此，使用更少的对象和包含更少对象的数据结构（更简单的数据结构，比如数组）会更好。

序列化这里同样作用很大，因为序列化的一个字节数组只是一个需要回收的对象。

默认地，Spark 会使用 60%的 executor 内存来缓存 RDD，然后剩下的 40%给常规对象。有时你不需要 60%这么多的空间给 RDD，你可以减少这个比率，这样可以给常规对象留下更多空间（需要 GC 的对象就更少）。

具体步骤

启动 Spark shell 并设置内存比率，就可把给 RDD 的缓存内存比率设成 40%。

```
$ spark-shell --conf spark.storage.memoryFraction=0.4
```

12.6 优化并行度的级别

优化并行度的级别很重要，需要完全利用集群资源。以 HDFS 为例，这意味着分区的数量和 InputSplits 的数量一样，大部分情况也和块的数据一样。

本教程包含优化分区数量的各种方法。

具体步骤

根据下面的步骤，当加载文件为 RDD 时指定 RDD 的分区数目。

1. 打开 Spark shell。

```
$ spark-shell
```

2. 用指定的分区数目为第 2 个参数加载 RDD。

```
scala> sc.textFile("hdfs://localhost:9000/user/hduser/words",10)
```

另外一种改变默认并行度的方法如下所示。

1. 启动 Spark shell 并设置新的并行度值。

```
$ spark-shell --conf spark.default.parallelism=10
```

2. 检查默认并行度的值。

```
scala> sc.defaultParallelism
```

> 提示：
> 你也可以使用叫 coalesce(numPartitions) 的方
> 法来减少分区数目，其中 numPartitions 是你想要的
> 最终分区数目。如果你想要数据在网络过程中 reshuffle，
> 你可以调用叫 repartition(numPartitions) 的方
> 法，其中 numPartitions 是你想要的最终分区数目。

12.7   理解未来的优化——Tungsten 项目

从 Spark 1.4 版本开始，Tungsten 项目是让 Spark 更接近计算机底层的开端。这个项目的目的是大幅提高 Spark 程序的内存和 CPU 效率，达到底层硬件的底限。

分布式系统中，传统的思路是优化系统稀缺和瓶颈的资源——网络 I/O。但过去几年这个趋势已经有所改变。过去 5 年，网络带宽从 1GB/s 涨到 10G/s。

类似地，磁盘带宽从 50 MB/s 涨到 500 MB/s，SSD 也用得越来越多。另一方面 CPU

的时钟频率在 5 年前和现在一样差不多 3 GHz 左右。Network 不再是分布式计算的瓶颈，而 CPU 成为了新的瓶颈。

> **提示：**
>
> 新的像 Parquet 这样的压缩格式给 CPU 性能带来更大的压力，这也让这一趋势更明显。如本章之前教程里说的压缩和序列化也会消耗更多的 CPU 周期。这个趋势也推动了 CPU 优化的需求来减少 CPU 的时钟消耗。

同样地，我们看一下内存占用的问题。Java 中 GC 负责内存管理。GC 出色的内存管理把程序员从中释放出来并让内存管理对于用户来说是透明的。为了做到这些，Java 必须添加一些额外的信息，这大幅增加了内存占用。举个例子，对于一个字符串"abcd"理想情况下应该只要需要 4 个字节，但实际上在 Java 中占用了 48 个字节。

如果不用 GC 而像更低级的编程语言 C 一样手动管理内存会怎样？从 1.7 版本后 Java 提供了这样的方法叫 sun.misc.Unsafe。Unsafe 本质上就是你在没有任何安全查检的情况下可以创建一大段内存区域。这就是 Tungsten 项目的第 1 个特性。

12.7.1　利用应用程序语义自己管理内存

如果你不知道你正在做什么，利用应用程序语义手动管理内存是一件很危险的事件，而 Spark 使其变得有保障。我们用数据的 schema(DataFrames)自己直接分配内存。它不仅避免了 GC 的字节过载，而且也让内存占用最小化。

第 2 点就是把数据存在 CPU 缓存而不是内存中。大家都知道 CPU 缓存的访问速度更快，从内存中获取数据需要 3 个时钟周期，而访问 CPU 缓存只需要一个时钟周期。这也是 Tungsten 项目的第 2 个特性

12.7.2　使用算法和数据结构

有很多算法和数据结构被用于开发内存层级结构和支持缓存敏感的计算。

CPU 缓存是一个很小的内存池，用于存储 CPU 后面需要的数据。CPU 有两种缓存，即指令缓存和数据缓存。数据缓存又分成 L1、L2 和 L3 的层级。

- L1 缓存是计算机中最快也是最贵的缓存。它存储着最最关键的数据，同时它也是 CPU 查找数据的第 1 个地方。

- L2 缓存速度比 L1 缓存稍微慢一些，但它同样在处理器芯片中。同时它也是 CPU 查找数据的第 2 个地方。

- L3 缓存速度更慢些，它被所有的 CPU 核共享，比如 DRAM (memory)。

如图 12-5 所示，它是计算机缓存级别图。

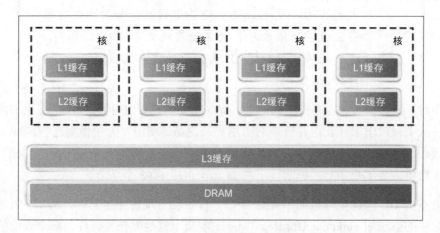

图 12-5　计算机缓存级别图

第 3 点，Java 并不擅长像如表达式计算这样的字节码生成的事情。如果能够手动将代码生成，效率会更高。代码生成是 Tungsten 项目的第 3 个特性。

12.7.3　代码生成

这利用了现代编译器和 CPU 能对二进制数据进行有效的操作。Tungsten 项目现在还是雏形阶段，在 1.5 版本中会有更多的支持（译者翻译时 Spark 1.6 中 Tungsten 引入了 Whole-stage Codegen，columnar 等更多的优化特性）。

欢迎来到异步社区！

异步社区的来历

异步社区（www.epubit.com.cn）是人民邮电出版社旗下 IT 专业图书旗舰社区，于 2015 年 8 月上线运营。

异步社区依托于人民邮电出版社 20 余年的 IT 专业优质出版资源和编辑策划团队，打造传统出版与电子出版和自出版结合、纸质书与电子书结合、传统印刷与 POD 按需印刷结合的出版平台，提供最新技术资讯，为作者和读者打造交流互动的平台。

社区里都有什么？

购买图书

我们出版的图书涵盖主流 IT 技术，在编程语言、Web 技术、数据科学等领域有众多经典畅销图书。社区现已上线图书 1000 余种，电子书 400 多种，部分新书实现纸书、电子书同步出版。我们还会定期发布新书书讯。

下载资源

社区内提供随书附赠的资源，如书中的案例或程序源代码。

另外，社区还提供了大量的免费电子书，只要注册成为社区用户就可以免费下载。

与作译者互动

很多图书的作译者已经入驻社区，您可以关注他们，咨询技术问题；可以阅读不断更新的技术文章，听作译者和编辑畅聊好书背后有趣的故事；还可以参与社区的作者访谈栏目，向您关注的作者提出采访题目。

灵活优惠的购书

您可以方便地下单购买纸质图书或电子图书，纸质图书直接从人民邮电出版社书库发货，电子书提供多种阅读格式。

对于重磅新书，社区提供预售和新书首发服务，用户可以第一时间买到心仪的新书。

用户帐户中的积分可以用于购书优惠。100 积分 =1 元，购买图书时，在 ┊ 使用积分 ┊ 里填入可使用的积分数值，即可扣减相应金额。

纸电图书组合购买

社区独家提供纸质图书和电子书组合购买方式，价格优惠，一次购买，多种阅读选择。

社区里还可以做什么？

提交勘误

您可以在图书页面下方提交勘误，每条勘误被确认后可以获得 100 积分。热心勘误的读者还有机会参与书稿的审校和翻译工作。

写作

社区提供基于 Markdown 的写作环境，喜欢写作的您可以在此一试身手，在社区里分享您的技术心得和读书体会，更可以体验自出版的乐趣，轻松实现出版的梦想。

如果成为社区认证作译者，还可以享受异步社区提供的作者专享特色服务。

会议活动早知道

您可以掌握 IT 圈的技术会议资讯，更有机会免费获赠大会门票。

加入异步

扫描任意二维码都能找到我们：

异步社区	微信服务号	微信订阅号	官方微博	QQ 群：368449889

社区网址：www.epubit.com.cn

投稿 & 咨询：contact@epubit.com.cn